CHEMIE

Allgemeine Chemie
Grundlagenwissen und Abiturvorbereitung
ISBN 3-411-04622-8

Organische Chemie
Grundlagenwissen und Abiturvorbereitung
ISBN 3-411-70862-X

PHYSIK

Physik I
Klassische Mechanik und Elektrizitätslehre
ISBN 3-411-70211-7

Physik II
Schwingungen und Wellen – Quantenphysik – Atome und Kerne
ISBN 3-411-70221-4

BIOLOGIE

Nervensysteme und Sinnesorgane
Grundlagenwissen und Übungsaufgaben
ISBN 3-411-04152-8

Stoffwechsel und Energieumsatz
Grundlagenwissen [illegible] aufgaben
ISBN 3-411-04[illegible]

Genetik
Grundlagenwisse[illegible] aufgaben
ISBN 3-411-05472-7

Zellbiologie
Grundlagenwissen und Übungsaufgaben
ISBN 3-411-04882-4

ERDKUNDE

Entwicklungsländer
Übungsaufgaben aus der ganzen Welt
ISBN 3-411-70752-6

Industrie und Dienstleistungen
Grundbegriffe und Übungsaufgaben aus den wichtigsten Wirtschaftssektoren
ISBN 3-411-06111-1

KUNST

Kunstgeschichte I
Von den Anfängen bis zum 18. Jahrhundert
ISBN 3-411-04143-9

Kunstgeschichte II
19. bi[illegible] t

[illegible]hte I
Von der Französischen Revolution bis zur Grundlegung der bipolaren Welt (1918)
ISBN 3-411-71122-1

Geschichte II
Von der Weimarer Republik bis zur Europäischen Union
ISBN 3-411-71132-9

Duden Abiturhilfen

Physik II

Schwingungen und Wellen –
Quantenphysik – Atome und Kerne

von Ingo Wittrock

11. bis 13. Klasse

Dudenverlag
Mannheim · Leipzig · Wien · Zürich

Bibliografische Information der Deutschen Bibliothek
Die Deutsche Bibliothek verzeichnet diese Publikation in der Deutschen Nationalbibliografie; detaillierte bibliografische Daten sind im Internet über http://dnb.ddb.de abrufbar.

Das Werk wurde in neuer Rechtschreibung verfasst.
1. Auflage

Redaktion: Martin Bergmann, Dr. Hans-Peter Waschi
Herstellung: Annette Scheerer
Illustration und Grafik: Atelier Frank Wohlgemuth, Bremen, und Grafikstudio Klaus W. Müller, Stahnsdorf
Satz: Michail Schwarzenberger, Freiberg
Umschlaggestaltung: Bender & Büwendt, Berlin
Umschlagfoto: Ulf Dieter, Berlin
Druck: Druckhaus Langenscheidt KG, Berlin
Bindearbeit: Schöneberger Buchbinderei, Berlin
Printed in Germany
ISBN 3-411-70221-4

Liebe Abiturientin, lieber Abiturient!

Die „Duden Abiturhilfen Physik" dienen der erfolgreichen Vorbereitung von Klausuren und mündlichen Prüfungen in der gymnasialen Oberstufe, und zwar für Grund- und Leistungskurse. Zur Differenzierung zwischen beiden Kursarten finden sich an mehreren Stellen Vertiefungen.

In den beiden Bänden zum Fach Physik werden Sie die wesentlichen Inhalte der Abiturprüfung sowie deren thematische Voraussetzungen wiederfinden. Es wurde lediglich auf die meist nur in Leistungskursen behandelten Themenbereiche Thermodynamik und Relativitätstheorie verzichtet. Innerhalb der aufgeführten Themen wurde bewusst keine Schwerpunktsetzung vorgenommen, sondern es wurde viel Wert auf ein solides Grundlagenwissen und seine Einübung an Beispielen gelegt.

Jedes Kapitel enthält am Ende Musteraufgaben zu den Themen des Kapitels, wie Sie in jeder Klausur oder Abiturprüfung vorkommen können. In den Lösungen finden Sie dabei teilweise nochmals allgemein gültige Tipps für andere Aufgabenstellungen, die Ihnen beim Lösen der Aufgaben aus Ihrem Unterricht weiterhelfen können.

Bei Aufgaben mit abgeleiteten Maßeinheiten lässt sich die prinzipielle Richtigkeit des Rechengangs mithilfe von „Einheitengleichungen" überprüfen. Diese Kontrollmöglichkeit wird bei den entsprechenden Beispielen und Aufgabenlösungen jeweils mit aufgeführt.

Neben den thematischen Grundlagen der Schwingungslehre, Quanten-, Atom- und Kernphysik bietet der zweite Band auch eine vollständige Abiturklausur bzw. mündliche Prüfung mit ausführlichen Lösungen zur konkreten Einübung der Anforderungen an eine Abiturprüfung.

Vorwort

Dieser Band kann unabhängig vom Lehrbuch benutzt werden. Er wurde jedoch an die Struktur der meisten Schulbücher angelehnt, um Ihnen die Orientierung zu erleichtern. Ebenfalls zur Orientierung dienen folgende Symbole:

Definitionen und Merksätze ⟶ !

Tipps ⟶ ↗

Lösungen ⟶ =

Autor und Redaktion

Kapitel

Inhaltsverzeichnis

Kapitel 1

Schwingungen und Wellen

1.1 Grundlagen mechanischer Schwingungen und Wellen

Bei einem Federpendel oder einem Fadenpendel treten nach dem „Anstoßen“ sich ständig wiederholende (periodische) Bewegungen auf. Mittelpunkt der Bewegungen ist die Ruhelage des Pendels.

> Unter einer **Schwingung** versteht man die zeitlich periodische Änderung einer physikalischen Größe um einen Mittelwert.

In Band 1 hatten wir mit der Kreisbewegung ebenfalls eine periodische Bewegung kennen gelernt. Zwischen der Kreisbewegung und den Schwingungen besteht daher auch ein enger Zusammenhang, den man an folgendem Experiment gut nachvollziehen kann: Eine vertikal rotierende Kugel und eine Kugel an einem Federpendel hängen direkt nebeneinander. Beide Kugeln werden von vorn beleuchtet und ihr Schattenbild wird auf einem Schirm im Hintergrund aufgefangen. Versetzt man nun die Feder in Schwingungen und stimmt die Umlaufgeschwindigkeit und den Kreisradius der sich drehenden Kugel auf das Pendel ab, so erkennt man, dass das Schattenbild der schwingenden Kugel exakt dem der rotierenden Kugel entspricht. Die Beschreibung der periodischen Bewegung einer Schwingung ist daher auch in vielen Punkten identisch mit der Beschreibung der Kreisbewegung (vgl. Band 1, Kap. 2.3).

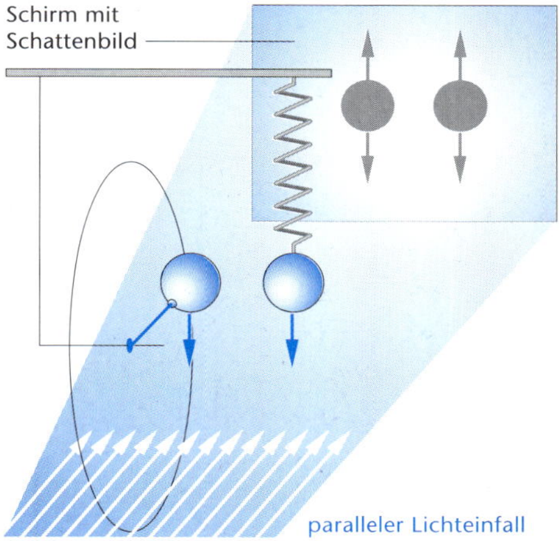

Die Zeit, die der rotierende Körper für einen Vollumlauf benötigt, hatten wir Umlaufzeit T genannt. Sie entspricht der **Schwingungsdauer T** (auch: „Periodendauer“) für eine vollständige Schwingung. Eine Schwingung ist dann vollständig, wenn das Federpendel einen bestimmten Punkt das nächste Mal aus derselben Richtung erreicht. So hat das Pen-

del z. B. eine vollständige Schwingung ausgeführt, wenn es wieder am gleichen Umkehrpunkt angekommen ist.
Der Umlauffrequenz f der Kreisbewegung entspricht die **Schwingungsfrequenz f.** Für beide gilt daher auch:

$$f = \frac{1}{T}$$

Ebenso kann die Winkelgeschwindigkeit ω zur Beschreibung einer Schwingung übernommen werden:

$$\omega = \frac{2\pi}{T} = 2\pi \cdot f = \frac{\varphi}{t}$$

Der Winkel $\varphi = \omega \cdot t$ wird auch als **Phasenwinkel** der Schwingung bezeichnet. Seine Bedeutung wird ersichtlich, wenn man sich das Schattenbild in seiner mathematischen Umsetzung ansieht. Dazu betrachten wir noch einmal das schwingende Pendel und notieren die Lagen der beiden Kugeln zu verschiedenen Zeitpunkten:

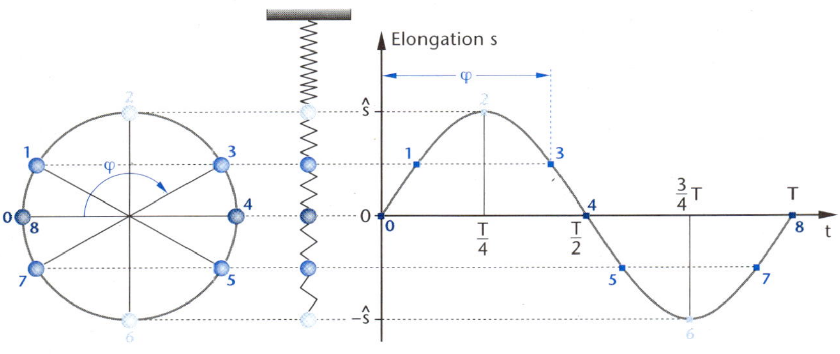

In der Abbildung erkennt man den Phasenwinkel als Auslenkungswinkel aus der horizontalen Nulllage der rotierenden Kugel. Jeder Position des Pendels kann ein solcher Winkel zugeordnet werden.
Während die rotierende Kugel auf einem festen Kreisradius umläuft, ändern sich bei der schwingenden Kugel die Entfernungen von der Ruhelage in der Mitte. Die jeweilige Entfernung von der Ruhelage bezeichnet man als **Elongation s** bzw. **Auslenkung.** Die maximal mögliche Elongation trägt die Bezeichnung **Amplitude ŝ.** Sie entspricht dem Kreisradius bei der Kreisbewegung.

Zur Beschreibung der zeitlichen Entwicklung einer Bewegung verwendet man t-s-Diagramme (vgl. Bd. 1, Kap. 2.1). Das t-s-Diagramm der Federschwingung ist im rechten Teil der Abbildung aufgetragen. Die zeitliche Abfolge der Elongationen ergibt eine Sinuskurve mit der Amplitude $\hat{s}$ und der Periode T.

!

Sinusfunktionen haben mathematisch den Funktionsterm $f(x) = a \cdot \sin(b \cdot x)$, wobei a der Amplitude, x der Zeit und $\frac{2\pi}{b}$ der Periodendauer entspricht.

Das Gleichsetzen der Periodendauer für Sinusfunktion und gezeichnete Funktion führt zu:

$$\frac{2\pi}{b} = T \Rightarrow b = \frac{2\pi}{T}$$

Damit ergibt sich als **t-s-Gesetz** die Schwingungsgleichung:

$$s(t) = \hat{s} \cdot \sin\left(\frac{2\pi}{T} \cdot t\right) = \hat{s} \cdot \sin(\omega \cdot t)$$

Hierbei bezeichnet $\omega \cdot t$ wieder den **Phasenwinkel** der Schwingung, der oft auch nur **Phase** genannt wird.
Im Diagramm war die Amplitude der Schwingung bei jeder Periode gleich groß. Solche Schwingungen bezeichnet man als **ungedämpft**. Sehr häufig hat man es aber mit Schwingungen zu tun, deren Amplitude mit der Zeit immer mehr abklingt, wie dies ja auch beim Federpendel aufgrund der Reibung der Fall wäre. Die Abbildung zeigt das t-s-Diagramm einer solchen **gedämpften Schwingung.**

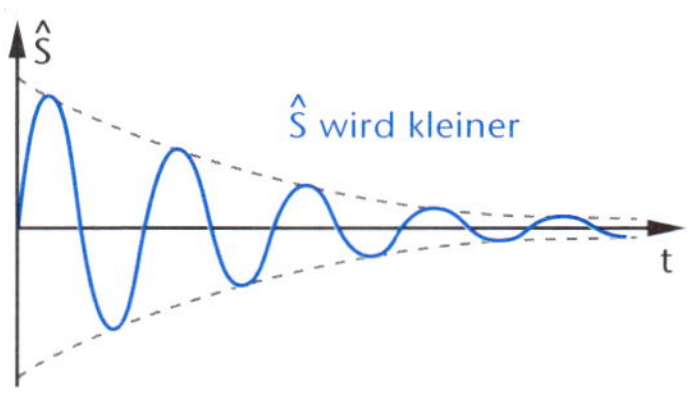

Ein Federpendel mit vorgegebener Federhärte D und konstanter Masse schwingt immer mit derselben Frequenz, und zwar *unabhängig* von der jeweiligen Amplitude. Dies gilt auch für alle anderen schwingenden Systeme (z. B. Fadenpendel, Drehpendel, Stimmgabel). Man spricht daher auch von der **Eigenfrequenz** des frei schwingenden Systems. Ein System muss nicht mit seiner Eigenfrequenz schwingen, aber dann schwingt es nicht mehr frei, sondern mit einer von außen aufgezwungenen Frequenz. Man nennt dies dann **erzwungene Schwingung.**

Beispiel

Ein Federpendel wird mithilfe eines Fadens und einer Rolle wie abgebildet aufgehängt. Ein Elektromotor mit einer rotierenden Scheibe versetzt das Federpendel in Schwingungen.

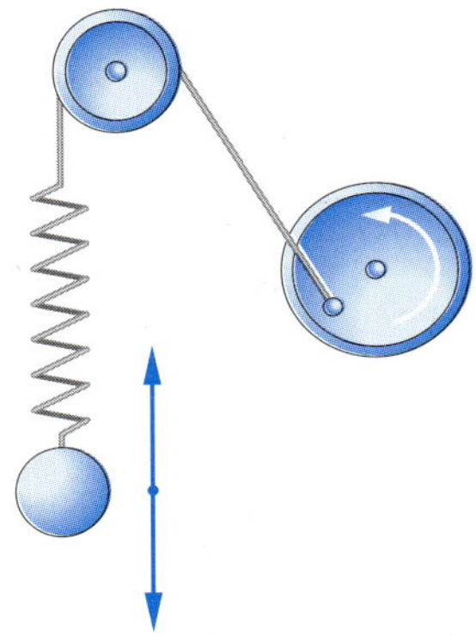

Das von außen angeregte Federpendel schwingt mit der vom Motor vorgegebenen Frequenz. Unterscheidet sich die Anregungsfrequenz deutlich von der Eigenfrequenz, so ist die Amplitude relativ gering. Bei Annäherung an die Eigenfrequenz ist ein Zunehmen der Amplitude zu beobachten. Die Anregung mit der Eigenfrequenz selbst führt zu einem extremen Anstieg der Amplitude. Man spricht in diesem Fall von **Resonanz.** Ein Anregen mit der **Resonanzfrequenz** kann sogar zur Zerstörung des schwingenden Systems führen (Resonanzkatastrophe).

Trägt man die Amplitude in Abhängigkeit von der Frequenz in einem Diagramm auf, so ist der Amplitudenanstieg bei Annäherung der Erregerfrequenz f_E an die Eigenfrequenz f_0 deutlich zu erkennen. Wie stark die Amplitude ansteigt, ist dabei von der Dämpfung des Systems abhängig.

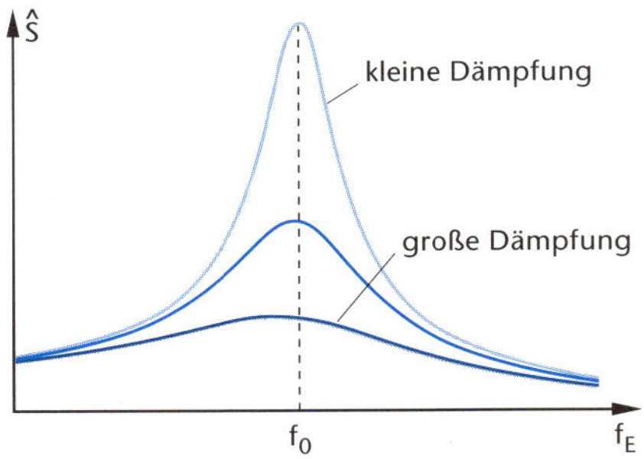

Werden mehrere schwingungsfähige Systeme so miteinander verbunden, dass sich die Schwingung eines Systems auf die Nachbarsysteme übertragen kann, so nennt man dies **Kopplung.** Bei gekoppelten Systemen kommt es zu einer Ausbreitung der von einem System ausgehenden Schwingung auf die anderen schwingenden Systeme.

Beispiel

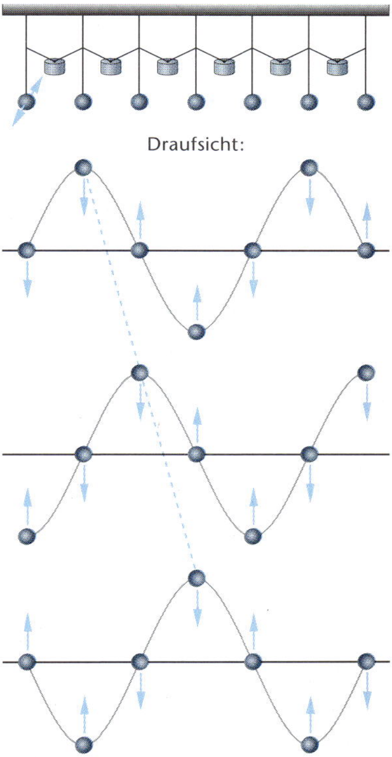

Eine Reihe von Fadenpendeln wird durch Fäden gekoppelt, die von Gewichten gespannt werden. Versetzt man das erste Pendel quer zur Verbindungslinie der Pendel in Schwingungen, so beginnen nach und nach auch alle anderen Pendel mit derselben Frequenz zu schwingen. Sie schwingen allerdings nicht synchron, sondern zueinander versetzt. Das nachfolgende Pendel erreicht denselben Schwingungszustand immer ein klein wenig später. Da ein bestimmter Schwingungszustand auch durch den Phasenwinkel beschrieben werden kann, spricht man von **phasenverschobenen** Schwingungen. Das untere Bild zeigt drei Momentaufnahmen der Lage der von oben betrachteten Pendel im zeitlichen Abstand von $t = \frac{T}{4}$. Die Pfeile geben die momentane Bewegungsrichtung an. Man erkennt, dass sich jeder Schwingungszustand, z. B. ein Maximalausschlag, über die Kette der gekoppelten Schwinger hinweg nach rechts fortsetzt.
Es entsteht eine fortschreitende Welle. Die Ausbreitungsrichtung der Welle liegt hier senkrecht zur Schwingungsrichtung der Einzelpendel.

> Einen sich räumlich fortpflanzenden Bewegungszustand bezeichnet man als **Welle.**

Wellen, bei denen Ausbreitungsrichtung und Schwingungsrichtung *senkrecht* zueinander stehen, nennt man **Querwellen (Transversalwellen).** Zu diesen gehören neben obigem Beispiel auch Wasserwellen oder Seilwellen. Verlaufen die beiden Richtungen dagegen *parallel* zueinander,

so spricht man von **Längswellen (Longitudinalwellen).** Beispiele hierfür sind Schallwellen, Druckwellen und Erdbebenwellen.
Zur Veranschaulichung der Begriffe, mit denen man Wellen beschreibt, dienen Diagramme, bei denen man auf der x-Achse die Entfernung des Schwingers vom Ausgangspunkt der Welle und auf der y-Achse die Elongation aufträgt.

Das x-s-Diagramm einer Welle ähnelt sehr stark dem t-s-Diagramm einer Einzelschwingung. Achten Sie zur Unterscheidung genau auf die Achsenbeschriftung! Während die horizontale Achse bei einer Einzelschwingung eine **Zeitachse** darstellt, ist sie bei Wellendarstellungen eine **Ortsachse.**

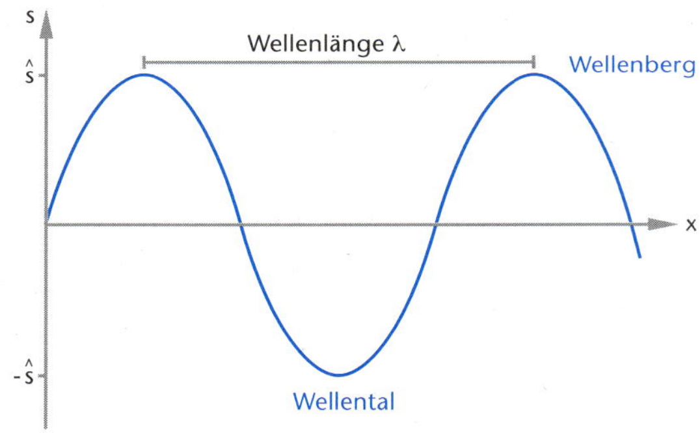

Das Diagramm einer Welle verzeichnet die Gesamtlage aller Schwinger. Dabei bezeichnet die **Wellenlänge** λ den (kürzesten) Abstand zwischen zwei Schwingern, die sich im gleichen Schwingungszustand befinden (im Bild: maximale positive Elongation).
Eine weitere wichtige Beschreibungsgröße ist die **Ausbreitungsgeschwindigkeit** der Welle. Sie bezeichnet die Geschwindigkeit, mit der sich ein bestimmter Schwingungszustand gleichförmig ausbreitet.

Beispiel

Wir betrachten die Ausbreitungsgeschwindigkeit des Wellenberges in obiger Abbildung, der sich über die Einzelschwinger ausbreitet (wobei sich lediglich deren Elongation, nicht aber ihre Lage x vom Ausgangspunkt der Welle ändert). Wegen $v = \frac{s}{t}$ müssen wir den zurückgelegten Weg durch die benötigte Zeit teilen. Der Weg zwischen zwei Wellenbergen ist die Wellenlänge λ. Die Zeit, die ein Einzelschwinger von einem positiven Maximalausschlag („Wellenberg“) zum nächsten benötigt, ist eine volle Periodendauer T. Als Ausbreitungsgeschwindigkeit ergibt sich damit:

$$v = \frac{\lambda}{T} = \lambda \cdot \frac{1}{T} = \lambda \cdot f$$

Bei einer Schwingung findet eine **permanente Energieumwandlung** statt. So wird ein Fadenpendel, welches ausgelenkt (und dabei angehoben) wird, nach dem Loslassen seine Lageenergie in Bewegungsenergie umwandeln. Diese ist im tiefsten Punkt der Pendelschwingung maximal, während die Lageenergie dort gerade null ist. Ab dem tiefsten Punkt wird die Bewegungsenergie wieder in Lageenergie zurückgewandelt, wobei in den Umkehrpunkten dann die Lageenergie maximal und die Bewegungsenergie null ist. Dieser Energieumwandlungsprozess ist periodisch, d. h., er beginnt immer wieder von neuem. Bei einer Welle wird diese Energie durch die Kopplung von einem Schwinger zum nächsten übertragen. Wir halten fest:

> Wellen **transportieren Energie und Impuls** mit einer charakteristischen Ausbreitungsgeschwindigkeit. Dabei findet jedoch **kein Materialtransport** in der Ausbreitungsrichtung statt.

Mathematisch wird eine Welle durch die Wellengleichung beschrieben. Zu ihrer Herleitung betrachten wir nochmals eine Kette von gekoppelten Pendeln. Ihre räumliche Verteilung zum Zeitpunkt t = T liefert folgende Momentaufnahme:

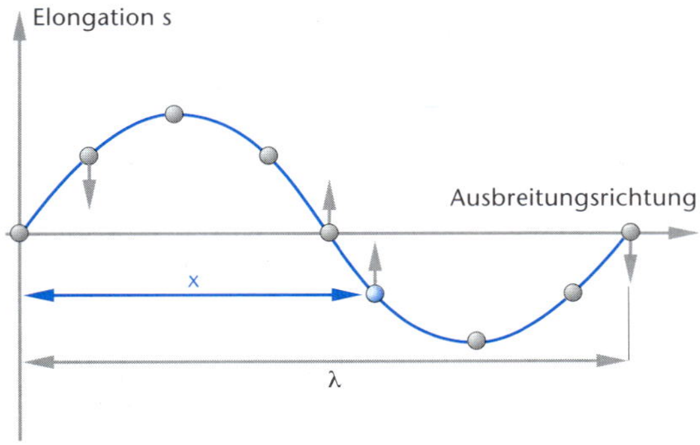

Für das erste Pendel gilt die Schwingungsgleichung:

$$s(t) = \hat{s} \cdot \sin\left(\frac{2\pi}{T} \cdot t\right)$$

Alle weiteren Pendel haben zwar prinzipiell dieselbe Schwingungsgleichung, schwingen jedoch gegenüber dem ersten zeitlich etwas versetzt. Nehmen wir an, zwischen dem Beginn der Schwingung des ersten Pendels und dem Beginn der Schwingung des blauen Pendels sei die Zeit t_1 vergangen. Dann hat dieses Pendel die Schwingungsgleichung:

$$s(t) = \hat{s} \cdot \sin \frac{2\pi}{T} \cdot (t - t_1)$$

Die Zeit t_1 ist aber gleichzeitig die Zeit, die der Schwingungsimpuls des ersten Pendels benötigt, um die Strecke x bis zum Erreichen des blauen Pendels zurückzulegen. Geht man von einer Ausbreitungsgeschwindigkeit v der Welle aus, so gilt demzufolge:

$$v = \frac{x}{t_1} \Rightarrow t_1 = \frac{x}{v}$$

Für die Ausbreitungsgeschwindigkeit v hatten wir bereits festgestellt:

$$v = \lambda \cdot \frac{1}{T} \Rightarrow t_1 = \frac{x \cdot T}{\lambda}$$

Einsetzen liefert die Schwingungsgleichung des blauen Pendels:

$$s(t, x) = \hat{s} \cdot \sin \frac{2\pi}{T} \cdot \left(t - \frac{x \cdot T}{\lambda}\right) \Rightarrow s(t, x) = \hat{s} \cdot \sin 2\pi \left(\frac{t}{T} - \frac{x}{\lambda}\right)$$

Da wir für das blaue Pendel keinerlei Bedingungen formuliert haben, lässt sich für jeden anderen Schwinger der Welle dieselbe Gleichung formulieren. Die Konstante T beschreibt die Schwingungsdauer des Einzelpendels und damit die *zeitliche Periode*, während λ die Wellenlänge und damit die *räumliche Periode* der Welle beschreibt.
Wir haben also die mathematische Beschreibung der Welle gefunden, die **Wellengleichung.**

Die Wellengleichung ist im Unterschied zur Schwingungsgleichung eine Funktion von zwei Variablen, nämlich von der Zeit t und vom Ort x. Prinzipiell ist eine solche Funktion nur dreidimensional darstellbar.

Einige Sonderfälle verdeutlichen nochmals die Struktur der Wellengleichung:

1. $x = 0 \quad \Rightarrow \quad s(t, x) = \hat{s} \cdot \sin\left(\frac{2\pi}{T} \cdot t\right)$

   Das ist die Schwingungsgleichung des ersten Pendels, welches sich an der Stelle $x = 0$ befindet.
2. x = konstant: Die Wellengleichung wird zur Schwingungsgleichung des Pendels, welches sich am Ort x befindet.
3. t = konstant: Man erhält eine Momentaufnahme der räumlichen Verteilung aller Pendel zum Zeitpunkt t. Beim Diagramm oben war der Zeitpunkt $t = T$ vorgegeben, deshalb konnte zweidimensional gezeichnet werden.

Schwingungsgleichung und Wellengleichung lassen sich leicht an der Anzahl der Variablen unterscheiden. Setzt man in die Wellengleichung einen **konstanten Ort** ein, so erhält man die (zeitabhängige) **Schwingungsgleichung** des dort befindlichen Schwingers.

Neben den fortschreitenden Wellen gibt es auch so genannte **stehende Wellen.** In der Mechanik haben sie zum Beispiel bei Musikinstrumenten eine herausragende Bedeutung. Stehende Wellen können sich bilden, wenn sich zwei Wellen gleicher Amplitude und Frequenz, aber entgegengesetzter Ausbreitungsrichtung überlagern. Bei der Überlagerung stören sich die beiden Wellen gegenseitig nicht. Aus beiden entsteht eine gemeinsame Welle gleicher Frequenz, deren Amplitude man aus der **Addition der beiden Einzelamplituden** erhält. Eine stehende Welle kann man beispielsweise durch Reflexion einer Welle an einer Wand erzeugen. Die einlaufende Welle (schwarz) überlagert sich dabei mit der zurücklaufenden grauen Welle, die an der Wand reflektiert wurde. Die aus der Überlagerung durch Addition der Amplituden entstehende Welle ist blau gezeichnet. Das Bild gibt lediglich eine Momentaufnahme

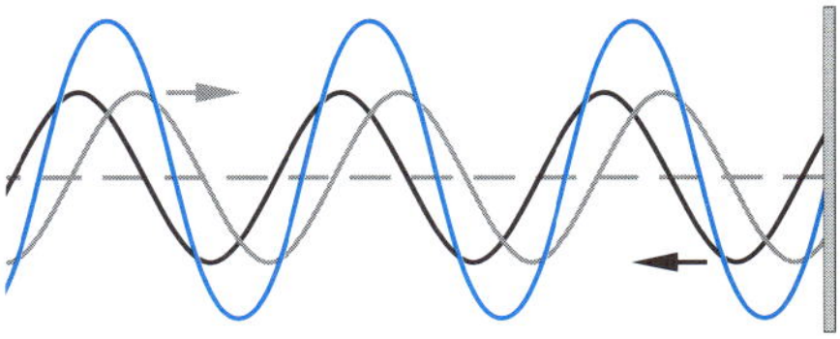

wieder. Würde man eine weitere Momentaufnahme zu einem anderen Zeitpunkt machen, so lägen allerdings die maximalen Amplituden *immer an derselben Stelle.* Diese ortsfesten Amplituden nennt man **Schwingungsbäuche.** Gleiches gilt auch für die Nulldurchgänge, die so genannten **Schwingungsknoten.** Da die resultierende Welle dieselbe Wellenlänge hat wie die Ausgangswelle, treten die Schwingungsknoten immer im Abstand einer halben Wellenlänge auf. Durch Ausmessen des Abstandes zwischen zwei Knoten ist so auch eine Wellenlängenmessung möglich.
Wir fassen zusammen:

!

Bei der Überlagerung zweier gegenläufiger Wellen mit **gleicher Wellenlänge und Amplitude** bildet sich eine **stehende Welle** aus. Sie besitzt **ortsfeste** Schwingungsknoten und Schwingungsbäuche, wobei der Abstand zwischen zwei Knoten gerade $\frac{\lambda}{2}$ beträgt.
Eine stehende Welle transportiert keine Energie.

Während bei einer fortschreitenden Welle (a) die Einzelschwinger *nacheinander* durch die Gleichgewichtslage gehen und nacheinander ihre maximale Elongation erreichen, gehen bei einer stehenden Welle (b) alle Schwinger *gleichzeitig* durch die Gleichgewichtslage und erreichen auch gleichzeitig ihre maximale Elongation.

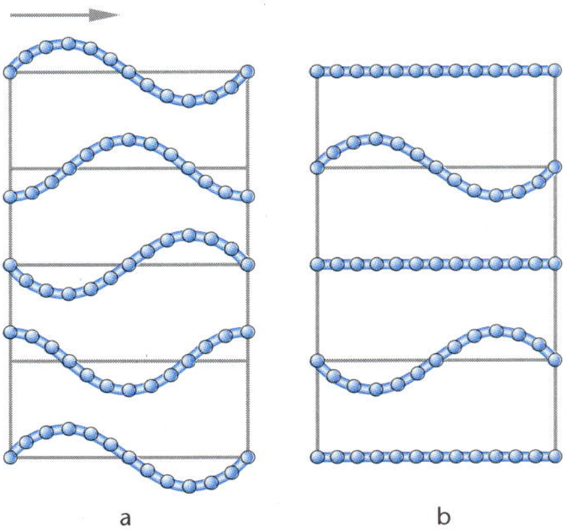

Verwendet man einen **räumlich begrenzten** Wellenträger (z. B. eine schwingende Saite eines Musikinstrumentes, die an beiden Enden eingespannt ist), so können sich stehende Wellen nur noch bei ganz bestimmten Anregungsfrequenzen ausbilden. Man nennt sie **Eigenfrequenzen des Wellenträgers.** Die sich hier ausbildenden stehenden Wellen haben immer an beiden Enden einen Schwingungsknoten.

Für die stehenden Wellen auf einem begrenzten Wellenträger gibt es verschiedene Formen. Die einfachste besteht aus den Schwingungsknoten an den Enden und einem Schwingungsbauch in der Mitte. Man nennt sie **Grundschwingung.**

Die Länge l des Wellenträgers entspricht dann dem Abstand zweier Knoten, also einer halben Wellenlänge.

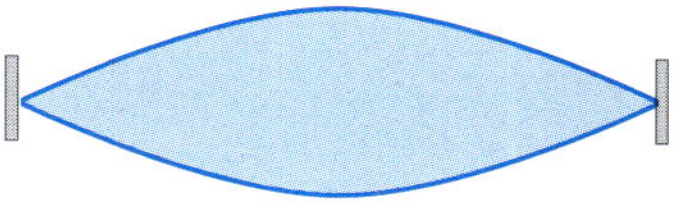

Es gilt demnach für die **Grundfrequenz:** $\lambda_0 = 2 \cdot l \Rightarrow f_0 = \frac{v}{\lambda_0} = \frac{v}{2l}$

Erhöht man die Frequenz um ganzzahlige Vielfache der Grundfrequenz, so entstehen auf dem Wellenträger stehende Wellen mit einer Wellenlänge, die ganzzahlige Teiler der Grundwellenlänge misst. Man bezeichnet sie als **Oberschwingungen.**

1. Oberschwingung: $f_1 = 2 \cdot f_0 \quad \lambda_1 = \frac{\lambda_0}{2}$

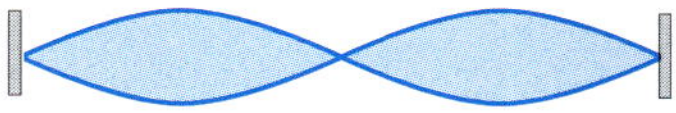

2. Oberschwingung: $f_2 = 3 \cdot f_0 \quad \lambda_2 = \frac{\lambda_0}{3}$

3. Oberschwingung: $f_3 = 4 \cdot f_0 \quad \lambda_3 = \frac{\lambda_0}{4}$

1.2 Elektrischer Schwingkreis

Neben den mechanischen Schwingungen und Wellen haben insbesondere die elektromagnetischen Schwingungen und Wellen eine herausragende Bedeutung für unser Alltagsleben. Ohne die drahtlose Radio-, Fernseh- oder Mobilfunkübertragung, bei der elektromagnetische Wellen als Übertragungsmedium verwendet werden, ist die Alltagswelt kaum noch vorstellbar. Elektromagnetische Wellen beruhen, analog zur Mechanik, auf elektromagnetischen Schwingungen. Wie erzeugt man solche Schwingungen und warum nennt man sie so?

Die für eine Schwingung typischen, sich periodisch ändernden Größen sind bei einer elektromagnetischen Schwingung elektrische und magnetische Feldenergien (vgl. Bd. 1, Kap. 3). Zu ihrer Erzeugung verwendet man einen **Kondensator** und eine **Spule,** die zu einem geschlossenen Stromkreis zusammengeschaltet werden. Man nennt eine solche Anord-

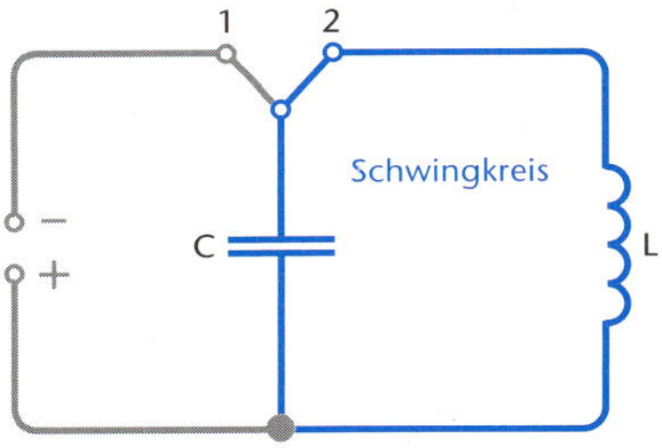

nung **Schwingkreis** (blauer Stromkreis). In nebenstehender Abbildung ist zudem eine elektrische Spannungsquelle eingezeichnet, die aber lediglich dazu dient, den Kondensator über den Wechselschalter aufzuladen (schwarzer Stromkreis). Für den Schwingungsvorgang wird sie nicht benötigt.

Der Ablauf einer Schwingung in einem Schwingkreis lässt sich grob in vier Phasen unterteilen:

- Der Kondensator wird zunächst aufgeladen (Wechselschalter in Position 1). Dabei entsteht zwischen den geladenen Platten ein elektrisches Feld E. Die Spannung U am Kondensator ist maximal, im Schwingkreis fließt kein Strom. Im Feld des Kondensators ist elektrische Feldenergie gespeichert.

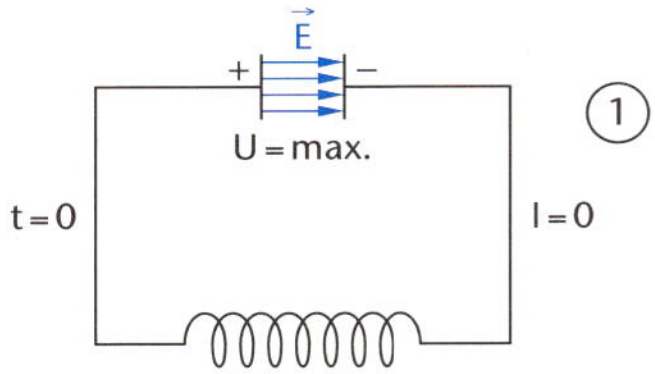

- Schließt man den Schwingkreis (Wechselschalter in Position 2), entlädt sich der Kondensator. Die Energie seines elektrischen Feldes treibt dabei einen Strom I durch die Spule. Der Stromfluss erzeugt in der Spule ein magnetisches Feld B, die elektrische Feldenergie des Kondensators wird also in magnetische Feldenergie der Spule umgewandelt. Während des Entladevorgangs nimmt die Spannung immer mehr ab, während die Stromstärke I immer größer wird. In dem Moment, wo der Kondensator ganz entladen ist (U = 0), erreicht die Stromstärke gerade ihren maximalen Wert. Diese Situation ist in Bild 2 dargestellt.

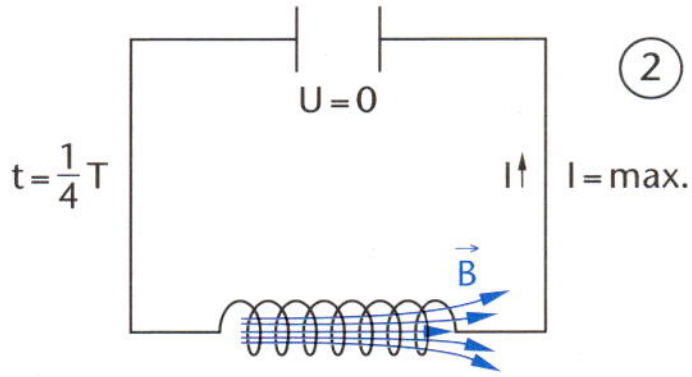

- Beginnt der Entladungsstrom nachzulassen, so beginnt auch das magnetische Feld um die Spule zusammenzubrechen. Hierdurch entsteht ein Induktionsstrom, der nach dem lenzschen Gesetz (vgl. Band 1, Kap. 3) in der gleichen Richtung fließt wie der anfängliche Entladungsstrom. Trotz momentan vollständig entladenem Kondensator fließt daher ein stetig abnehmender Strom noch eine Weile in gleicher Richtung weiter. Er lädt nun seinerseits wieder den Kondensator auf, jetzt jedoch mit umgekehrter Polung. Der abnehmende Strom erzeugt eine Induktionsspannung, die das Aufladen des Kondensators noch verstärkt. Die magnetische Feldenergie wird dabei in elektrische Feldenergie zurückverwandelt.

In Bild 3 ist dann der Kondensator wieder vollständig aufgeladen (U ist maximal, jedoch entgegengesetzt gepolt), während das Spulenfeld vollständig abgebaut wurde. Damit ist eine halbe Periode der Schwingung ausgeführt.

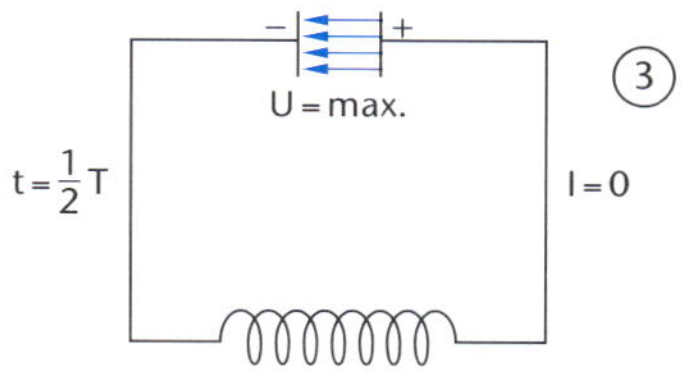

- In der zweiten Halbperiode läuft der beschriebene Vorgang nun in umgekehrter Richtung ab. Bild 4 zeigt also nach drei Vierteln der Periodendauer dieselbe Situation wie Bild 1, nur mit umgekehrter Richtung von Strom und Magnetfeld.

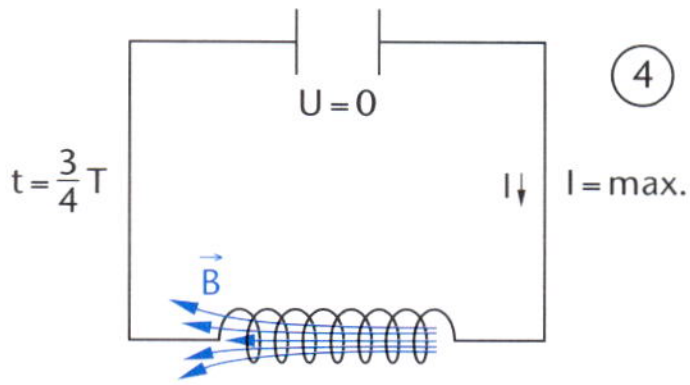

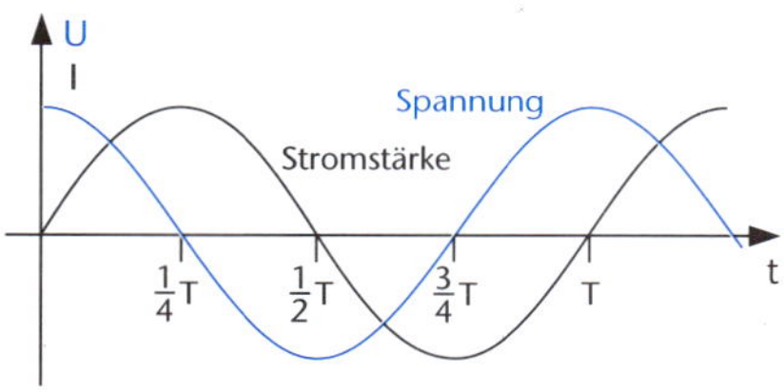

Betrachtet man den zeitlichen Verlauf von Spannung und Stromstärke im Schwingkreis über die gesamte Schwingungsdauer, so erhält man den für eine Schwingung typischen sinusförmigen Verlauf.

Der Name **elektromagnetische Schwingung** erklärt sich aus der beschriebenen ständigen Umwandlung von elektrischer in magnetische Energie und umgekehrt. Aufgrund des Energieerhaltungssatzes gilt:

! In einem elektrischen Schwingkreis ist die Summe aus elektrischer und magnetischer Feldenergie immer konstant:

$$W_{el} + W_{magn} = \frac{1}{2} \cdot C \cdot U^2 + \frac{1}{2} \cdot L \cdot I^2 = \text{konstant}$$

VERTIEFUNG

Nur ein Schwingkreis mit „idealer" Spule würde ungedämpft schwingen. Da aber in einem Schwingkreis immer auch der ohmsche Widerstand der Spule und der Zuleitungen vorliegt, ist die Schwingung in der Realität stark gedämpft und kommt daher schnell zum Erliegen. Praktisch alle Anwendungen nutzen jedoch elektromagnetische Wellen, zu deren Erzeugung man ungedämpfte Schwingungen benötigt. Daher muss man die durch den ohmschen Widerstand in Wärmeenergie umgewandelte Energie von außen wieder zuführen. Dies könnte z. B. über die Gleichspannungsquelle geschehen, mit der der Kondensator aufgeladen wurde. Problematisch wäre dabei allerdings die zeitliche Abstimmung, denn die Verbindung der Gleichstromquelle mit dem Kondensator muss genau dann erfolgen, wenn die Polarität auf den Kondensatorplatten mit denen der Quelle übereinstimmt. Andernfalls würde man einen Energieentzug statt einer Energiezufuhr erzielen. Mechanisch geht das nicht. Es muss daher ein elektrischer Schalter gefunden werden, der vom Schwingkreis selbst gesteuert wird. Ein System, welches seine eigene Steuerung übernimmt, wird auch als **Rückkopplungsschaltung** bezeichnet. Die dazu häufig verwendete **Meissner-Schaltung** sieht im Schaltbild wie folgt aus:

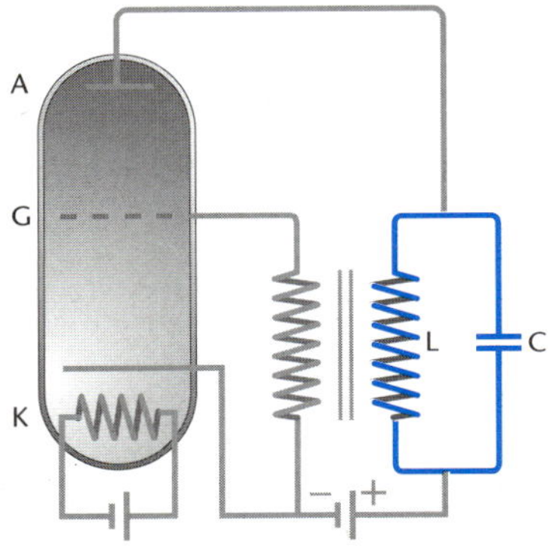

Man erkennt zunächst in Blau wieder den aus Kapazität C und Induktivität L aufgebauten Schwingkreis. Gegenüber der Spule befindet sich (zur Verstärkung auf einem gemeinsamen Eisenkern) eine weitere Spule, die so genannte Rückkopplungsspule. In ihr wird ein Strom induziert, der exakt der Frequenz des Schwingkreises entspricht. Dieser Strom steuert nun mithilfe einer speziellen Vakuumröhre, der **Triode**, die Energiezufuhr. In der Triode befindet sich neben der für Elektronenröhren üblichen Heizkathode K (für die Elektronenabgabe) und der Anode A (für die Elektronenaufnahme) auch noch ein so genanntes Gitter G. An diesem Gitter liegt der Rückkopplungsstrom an, der mit der Schwingkreisfrequenz periodisch die Polarität wechselt. Liegt der Minuspol am Gitter, so werden die aus der Kathode austretenden Elektronen so stark abgebremst, dass sie die Anode nicht mehr erreichen. Liegt dagegen der Pluspol am Gitter, so werden die Elektronen angezogen und zur Anode beschleunigt. Der im linken Teil der Abbildung erkennbare Triodenstromkreis übernimmt nun im Prinzip die Aufgabe des Aufladekreises im linken Teil der obigen Basisschaltung des Schwingkreises. Das Gitter wirkt dabei wie ein elektrischer Schalter, der die Gleichspannungsquelle wie gewünscht im richtigen Takt mit dem Kondensator im Schwingkreis verbindet oder sie von ihm trennt und so die Verluste ausgleicht. Man erhält eine ungedämpfte elektromagnetische Schwingung.

1.3 Erzwungene Schwingung, Eigenfrequenz, Resonanz

Jedes frei schwingende System schwingt mit einer ihm eigenen Frequenz, der so genannten Eigenfrequenz. Dies gilt auch für elektrische Schwingkreise. Die Periodendauer eines solchen Schwingkreises hängt von der Kapazität des Kondensators und der Induktivität der Spule ab. Der englische Physiker William Thomson fand nachfolgenden Zusammenhang für die Periodendauer:

!

Die Schwingungsdauer eines elektrischen Schwingkreises beträgt:

$T = 2\pi \cdot \sqrt{L \cdot C}$ (Thomson-Schwingungsformel)

Die Eigenfrequenz ergibt sich wegen $f = \frac{1}{T}$ aus dem Kehrwert der oben beschriebenen Periodendauer.

Beispiel

Ein Schwingkreis mit Rückkopplungsschaltung schwingt ungedämpft mit einer Eigenfrequenz von 8,5 kHz. Der Kondensator kann eine maximale Ladung von 0,5 µC speichern und die Schwingungsenergie beträgt $3{,}4 \cdot 10^{-6}$ J. Berechnen Sie die verwendete Induktivität und die Kapazität sowie die maximal auftretende Stromstärke!

Lösung:

Es gilt: $W_{el} = \frac{1}{2} \cdot C \cdot U_{max}^2$ mit $U_{max} = \frac{Q_{max}}{C}$

$$\Rightarrow W_{el} = \frac{1}{2} \cdot C \cdot \left(\frac{Q_{max}}{C}\right)^2 = \frac{Q_{max}^2}{2C} \Rightarrow C = \frac{Q_{max}^2}{2 \cdot W_{el}} = \frac{(0{,}5 \cdot 10^{-6}\,C)^2}{6{,}8 \cdot 10^{-6}\,J} = 3{,}7 \cdot 10^{-8}\,F$$

(Einheiten: $\frac{C^2}{J} = \frac{A^2 s^2}{V \cdot A \cdot s} = \frac{A \cdot s}{V} = F$)

Die thomsonsche Schwingungsformel liefert:

$$T = \frac{1}{f} = 2\pi \cdot \sqrt{L \cdot C} \Rightarrow L \cdot C = \frac{1}{4\pi^2 \cdot f^2} \Rightarrow L = \frac{1}{4\pi^2 \cdot f^2 \cdot C}$$

$$\Rightarrow L = \frac{1}{4\pi^2 \cdot (8500\,\frac{1}{s})^2 \cdot 3{,}7 \cdot 10^{-8}\,F} = 9{,}48 \cdot 10^{-3}\,H$$

(Einheiten: $\frac{s^2}{F} = \frac{s^2 \cdot V}{A \cdot s} = \frac{V \cdot s}{A} = H$)

Mithilfe des Energieerhaltungssatzes erhält man:

$$\frac{1}{2} \cdot C \cdot U_{max}^2 = \frac{1}{2} \cdot C \cdot \left(\frac{Q_{max}}{C}\right)^2 = \frac{1}{2} \cdot L \cdot I_{max}^2 \Rightarrow I_{max}^2 = \frac{Q_{max}^2}{L \cdot C} \Rightarrow I_{max} = \frac{Q_{max}}{\sqrt{L \cdot C}}$$

$$\Rightarrow I_{max} = \frac{0{,}5 \cdot 10^{-6}\,C}{\sqrt{9{,}48 \cdot 10^{-3}\,H \cdot 3{,}7 \cdot 10^{-8}\,F}} = 0{,}027\,A$$

(Einheiten: $\frac{C}{\sqrt{H \cdot F}} = \frac{A \cdot s}{\sqrt{\frac{V \cdot s}{A} \cdot \frac{A \cdot s}{V}}} = \frac{A \cdot s}{\sqrt{s^2}} = \frac{A \cdot s}{s} = A$)

Der **Energieerhaltungssatz** ist neben der Thomson-Formel ein sehr häufig verwendbarer Ansatz zur Lösung von Aufgaben zum elektrischen Schwingkreis.

Wird ein Schwingkreis von außen zum Schwingen angeregt, z. B. mit einem Frequenzgenerator, der mittels eines Transformators induktiv an die Schwingkreisspule gekoppelt wird, so schwingt der Schwingkreis mit der Anregungsfrequenz und nicht mit seiner Eigenfrequenz. Man spricht dann analog zur Mechanik von **erzwungenen Schwingungen.** Wie schon bei den mechanischen Schwingungen gesehen, wächst die Amplitude sehr stark an, sobald die Anregungsfrequenz in der Nähe der Eigenfrequenz liegt. Trägt man die Stromstärke im Schwingkreis in Abhängigkeit von der Anregungsfrequenz in einem Koordinatensystem auf, so erhält man die typische Resonanzkurve des Schwingkreises, die zu den **Resonanzkurven** aus Abschnitt 1.1 völlig analog ist. Die Stärke des Anwachsens der Amplitude ist abhängig von der Dämpfung, die im Wesentlichen vom elektrischen Widerstand des Schwingkreises abhängig ist. Für einen kleinen Widerstand ist daher der Maximalwert der Stromstärke im Resonanzfall erheblich höher als für einen großen Widerstand.

1.4 Elektromagnetische Wellen

Erzeugung elektromagnetischer Wellen am hertzschen Dipol

Zur Übertragung elektromagnetischer Signale muss man erreichen, dass die in einem Schwingkreis erzeugten elektrischen und magnetischen Wechselfelder nicht auf Spule und Kondensator beschränkt bleiben, sondern sich in den Raum hinaus ausbreiten, sich also zu Wellen ausbilden. Dazu entwickelte Heinrich Hertz einen **offenen Schwingkreis**, der heute nach seinem Entdecker **hertzscher Dipol** genannt wird. Die Funktion eines offenen Schwingkreises kann man sich schrittweise klarmachen: Der Schwingkreis wird zunächst „aufgebogen". Durch das Auseinanderziehen der Kondensatorplatten reicht das elektrische Feld immer weiter in den Raum hinaus. Anschließend werden sowohl die Plattenfläche des Kondensators als auch die Windungszahl der Spule immer weiter reduziert.

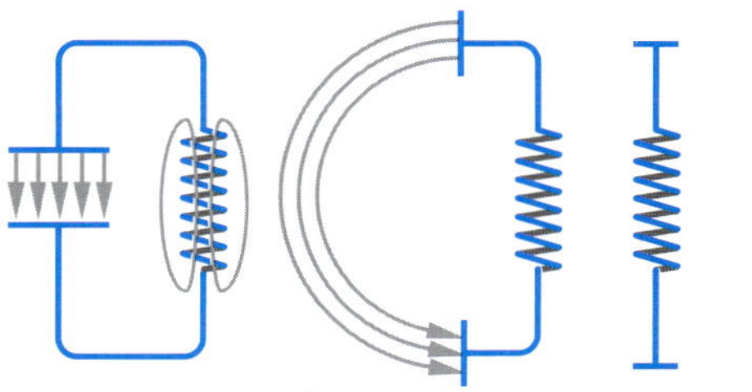

In der Endphase besteht der Schwingkreis nur noch aus einem geraden Draht, den man als Spule ohne Windung und mit den Drahtenden als Kondensatorplatten auffassen kann.

Die Thomson-Formel $f = \frac{1}{2\pi} \cdot \frac{1}{\sqrt{LC}}$ für die Eigenfrequenz eines Schwingkreises besagt, dass die Eigenfrequenz umso höher ist, je *kleiner* die Kapazität des verwendeten Kondensators bzw. die Induktivität der verwendeten Spule ist. Wegen $C \sim A$ erreicht man kleine Kapazitäten mit kleiner Plattengröße. Kleine Induktivitäten lassen sich wegen $L \sim n^2 \cdot A$ mit kleinen Windungszahlen und kleiner Spulenquerschnittsfläche erzeugen. Beim hertzschen Dipol sind alle diese Größen minimiert, die Eigenfrequenz ist also außerordentlich hoch. Dabei schwingt ein Dipol natürlich nicht von selbst, er muss durch erzwungene Schwingungen angeregt werden. Maximale Schwingungsamplituden erreicht man auch hier im Resonanzfall. Dazu muss der Dipol auf die Anregungsfrequenz abgestimmt werden. Dies gelingt durch Veränderung der Länge des Dipols. Da sich auf einem Dipol im Resonanzfall **stehende** elektromagnetische Wellen ausbilden, muss gelten:

$$l = n \cdot \frac{\lambda}{2}; \quad n = 1, 2, 3, \ldots$$

Für $n = 1$ wird die Grundschwingung des Dipols angeregt, für $n = 2$ die erste Oberschwingung und so weiter (vgl. den Abschnitt zu den stehenden Wellen).

VERTIEFUNG

Beim Schwingkreis kennen wir den ständigen wechselseitigen Auf- und Abbau des elektrischen und magnetischen Feldes von Kondensator und Spule. Die Felder bleiben hier jedoch relativ eng auf den Kondensator und die Spule beschränkt. In großer Entfernung sind die Felder nicht mehr nachweisbar. Koppelt man aber einen Schwingkreis mit geeigneter Resonanzfrequenz an einen hertzschen Dipol, reichen die Felder weit in den Raum hinaus. In der Abbildung ist zur Vereinfachung nur ein Schnitt durch das elektrische Feld gezeichnet; das magnetische Feld verläuft wie gewohnt konzentrisch um den Draht herum und steht dabei immer senkrecht zum elektrischen Feld.

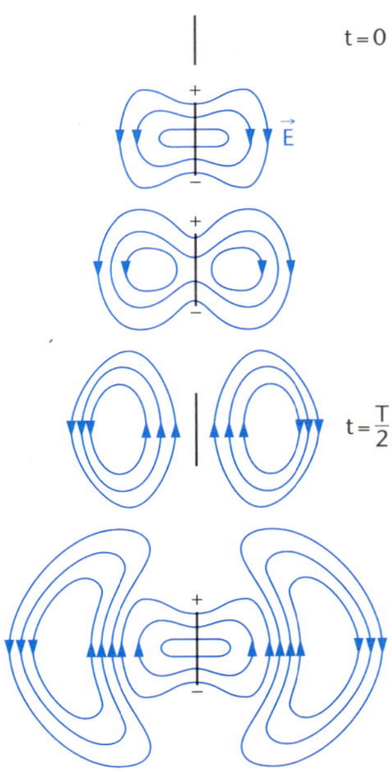

Sind die Enden des Dipols, die den Kondensatorplatten des Schwingkreises entsprechen, geladen, bildet sich ein

hantelförmiges Feld aus. Nach einer Viertelschwingungsdauer sind die Enden des Dipols jedoch wieder ungeladen und das Feld ist abgebaut. Nochmals eine Viertelschwingungsdauer später ist der Dipol sogar entgegengesetzt geladen.
Wegen der sehr hohen Frequenzen, mit denen sich dieser Wechsel vollzieht, müsste sich das Feld blitzartig abbauen und umgekehrt wieder aufbauen. Dazu ist es aber wegen seiner endlichen Ausbreitungsgeschwindigkeit nicht in der Lage. Der Feldabbau findet praktisch nur in unmittelbarer Nähe des Dipols statt, während sich im Außenbereich das Feld vom schwingenden Dipol ablöst. Wie in den weiteren Bildern zu sehen ist, schnüren sich die Feldlinien vom Dipol ab und bilden **geschlossene** Feldlinien, die mit Lichtgeschwindigkeit in den Raum hinauswandern (bislang kannten wir nur elektrische Feldlinien, die auf einer Ladung beginnen und enden!). Der Vorgang ist grob vergleichbar mit der Ablösung einer Seifenblase vom Metallring; die Details sind für uns nicht weiter entscheidend.
Auch das magnetische Feld verschwindet nicht bei der Umkehr der Stromrichtung, sondern es bleibt ebenfalls erhalten und entfernt sich zusammen mit dem elektrischen Feld.

! Während der Umkehrung der Stromrichtung verschwinden die elektrischen und magnetischen Felder nicht, sondern bleiben unabhängig vom Dipol erhalten und breiten sich mit Lichtgeschwindigkeit in den Raum aus.

In der Nähe des Dipols sind die beiden Felder wegen des beschriebenen ständigen Wechsels von Magnetfeld und elektrischem Feld um $\frac{\pi}{2}$ gegeneinander phasenverschoben. In größerer Entfernung (dem so genannten Fernfeld) ist diese Phasenverschiebung jedoch nicht mehr zu beobachten, da sich die Felder gegenseitig induktiv beeinflussen.

Die sich im Raum ausbreitenden elektromagnetischen Felder nennt man **elektromagnetische Welle.**
Vergleicht man die Dämpfung eines geschlossenen Schwingkreises mit der eines Dipols, so stellt man fest, dass die Dipolschwingung erheblich stärker gedämpft ist. Da der ohmsche Widerstand jedoch identisch ist (der Schwingkreis wurde ja lediglich aufgebogen), muss hier Energie an den umgebenden Raum abgegeben worden sein. Es handelt sich um die

Strahlungsenergie, die der Dipol mit den elektromagnetischen Wellen abstrahlt. Ebenso wie bei mechanischen Wellen wird also von elektromagnetischen Wellen Energie transportiert. Die elektrische und magnetische (Feld-)energie wird dabei ausschließlich senkrecht zur Dipolrichtung abgestrahlt. Daher finden sich auch oberhalb und unterhalb des Dipols keine Feldlinien.
Elektromagnetische Wellen benötigen im Gegensatz zu mechanischen Wellen **kein Ausbreitungsmedium**, sie breiten sich auch im Vakuum aus. Ausbreitungsrichtung, elektrisches und magnetisches Feld stehen bei elektromagnetischen Wellen senkrecht aufeinander. Es handelt sich also um **Transversalwellen.** Ihre Ausbreitungsgeschwindigkeit im Vakuum entspricht der Lichtgeschwindigkeit $c = 2{,}99 \cdot 10^8\ \mathrm{m\,s^{-1}}$.

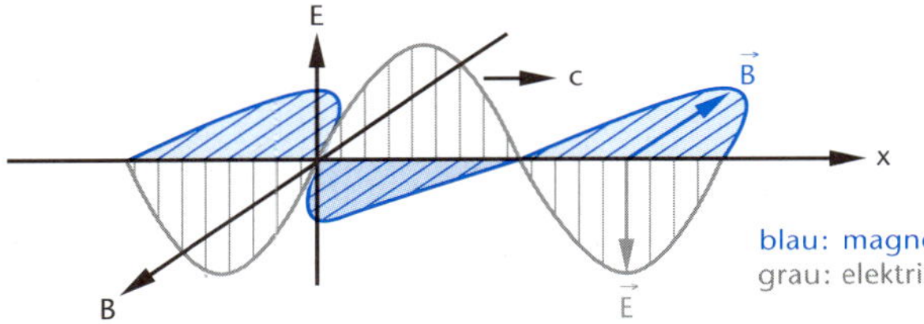

Ein Dipol kann aber nicht nur als einfache Sendeantenne, sondern auch als Empfangsantenne verwendet werden. Stellt man in großer Entfernung einen auf die Frequenz eines schwingenden Sendedipols abgestimmten Empfangsdipol auf, so wird auch dieser aufgrund von Resonanz in Schwingung versetzt, wenn für die Dipollänge und die abgestrahlte Wellenlänge die schon bekannte Beziehung $l = n \cdot \frac{\lambda}{2}$ gilt. Die elektromagnetische Welle induziert dann im Empfangsdipol eine Wechselspannung mit der Wellenfrequenz. So kann z. B. ein in den abgestimmten Empfangsdipol eingebautes Glühlämpchen ohne leitende Verbindung zum Sender nur mit der abgestrahlten Energie des Sendedipols zum Leuchten gebracht werden. Damit gelingt der Nachweis des drahtlosen Energietransportes, dessen anwendungstechnische Umsetzung uns bei der Radio- und Fernsehübertragung oder beim Handyfunk täglich begegnet.

Beispiel

Welche optimale Länge muss ein Empfangsdipol haben, wenn der Empfangsschwingkreis mit $C = 3\ \text{pF}$ und $L = 1{,}4\ \mu\text{H}$ bestückt ist?

Lösung: Für die Ausbreitungsgeschwindigkeit v der elektromagnetischen Welle setzen wir die Lichtgeschwindigkeit c ein. Unter Verwendung der Thomson-Formel ergibt sich:

$$\frac{1}{f} = \frac{\lambda}{c} = 2\pi \cdot \sqrt{LC} \Rightarrow \lambda = 2\pi \cdot 2{,}99 \cdot 10^8\,\frac{\text{m}}{\text{s}} \cdot \sqrt{1{,}4 \cdot 10^{-6}\ \text{H} \cdot 3 \cdot 10^{-12}\ \text{F}} = 3{,}85\ \text{m}$$

(*Einheiten:* $\frac{\text{m}}{\text{s}} \cdot \sqrt{\text{H} \cdot \text{F}} = \frac{\text{m}}{\text{s}} \cdot \sqrt{\frac{\text{V} \cdot \text{s}}{\text{A}} \cdot \frac{\text{A} \cdot \text{s}}{\text{V}}} = \frac{\text{m}}{\text{s}} \cdot \sqrt{\text{s}^2} = \frac{\text{m}}{\text{s}} \cdot \text{s} = \text{m}$)

Man erhält für die Grundschwingung ($n = 1$): $l = 1 \cdot \frac{\lambda}{2} = \frac{3{,}85\ \text{m}}{2} = 1{,}93\ \text{m}$

Wollte man beispielsweise Rundfunk im Langwellenbereich (λ ca. 1 bis 10 km) empfangen, so kann die Länge des Empfangsdipols natürlich nicht der Grundschwingung angepasst werden, denn dazu müsste er ja ebenfalls einige Kilometer lang sein. Stattdessen verkürzt man ihn so, dass er in einer der Oberschwingungen angeregt wird. Dann kommt man bei der Dipollänge mit einem ganzzahligen Teiler der halben Wellenlänge aus (vgl. den Abschnitt zu den stehenden Wellen). Der angekoppelte Schwingkreis muss dazu natürlich entsprechend „abgestimmt" werden, d. h., man muss C und/oder L der jeweiligen Frequenz anpassen. Dies geschieht meistens durch Kondensatoren mit veränderbaren Kapazitäten. Auf diese Weise ist es dann auch möglich, mit einem einzigen Empfangsdipol konstanter Länge verschiedene Sendefrequenzen zu empfangen.

Elektromagnetisches Spektrum

In Kapitel 1.1 hatten wir für die Ausbreitungsgeschwindigkeit einer Welle die Beziehung $v = \lambda \cdot f$ gefunden. Da sich elektromagnetische Wellen mit der Lichtgeschwindigkeit c ausbreiten, gilt für sie der im letzten Beispiel bereits benutzte Zusammenhang:

$$c = \lambda \cdot f \Rightarrow \lambda = c \cdot \frac{1}{f}$$

Wellenlänge und Frequenz einer elektromagnetischen Schwingung sind also zueinander umgekehrt proportional, wobei die Lichtgeschwindigkeit die Proportionalitätskonstante darstellt. Die Wellenlänge der von einem hertzschen Dipol abgestrahlten Welle wird, wie bereits erwähnt, von einem anregenden Schwingkreis bestimmt, auf den die Dipollänge abgestimmt wird. Durch verschiedene Kapazitäten und Induktivitäten im Anregungsschwingkreis des Dipols kann man so ein breites Spektrum von Frequenzen bzw. Wellenlängen erzeugen. Da jedoch weder C noch L beliebig zu verkleinern bzw. zu vergrößern sind, haben die von dem induktiv angekoppelten hertzschen Dipol abgestrahlten **hertzschen Wellen** zumeist eine Wellenlänge von 10 cm bis 10 km bzw. Frequenzen zwischen 3 Milliarden und 30 000 Hz.

Darüber hinaus lassen sich mit anderen Bauelementen als den beim Schwingkreis verwendeten aber auch noch sehr viel kleinere und größere Wellenlängen bzw. Frequenzen erzeugen. Zum so genannten **Spektrum elektromagnetischer Wellen** gehören z. B. auch das Licht, Röntgenstrahlung und radioaktive Gammastrahlung oder die Abstrahlungen des technischen Wechselstroms. Für einen besseren Überblick wird das Spektrum in verschiedene Bereiche eingeteilt, wobei man sich bei der Einteilung vor allem an den unterschiedlichen Eigenschaften und an den daraus resultierenden Anwendungen der verschiedenen Spektralbereiche orientiert hat. Die Tabelle gibt einen Überblick über die Frequenzbereiche und ihre Anwendungsmöglichkeiten:

Art der Wellen	Frequenz	Wellenlänge	Anwendungen	Eigenschaften
technische Wechselfelder	15–300 Hz	20 000–1000 km	Übertragung elektrischer Energie	Erzeugung durch technischen Wechselstrom
tonfrequente Wechselfelder	300–30 000 Hz	1000–10 km	Übertragung von Sprache und Musik / Telefonie und Telegrafie	Frequenzbereich des Schalls
hertzsche Wellen				
Langwelle (LW)	30–300 kHz	10–1 km	Radio und Funk	gute Ausbreitung in Luft, z. T. Reflexion an Schichten der Atmosphäre
Mittelwelle (MW)	300–3000 kHz	1000–100 m	Radio, Polizeifunk	
Kurzwelle (KW)	3–30 MHz	100–10 m	Radio, Überseetelefonie	
Ultrakurzwelle (UKW, VHF)	30–300 MHz	10–1 m	Rundfunk, Fernsehen, Flugfunk	
Mikrowellen				
(UHF)	300–3000 MHz	1 m–10 cm	Mobilfunk, Fernsehen, Satellitenfunk, Mikrowellenherd	Eindringtiefe stoffabhängig
(SHF/EHF)	3–300 GHz	100–1 mm	Richtfunk, Radar	
Infrarotlicht (IR)	$3 \cdot 10^{11}$–$3{,}85 \cdot 10^{14}$ Hz	1 mm–0,78 µm	Wärmestrahlung, Fernbedienung	tiefes Eindringen in die Haut
sichtbares Licht	$3{,}85 \cdot 10^{14}$ Hz–$8{,}3 \cdot 10^{14}$ Hz	780–360 nm	Beleuchtung, Laser	mit dem Auge wahrnehmbar
ultraviolettes Licht (UV)	$8{,}3 \cdot 10^{14}$ Hz–$3 \cdot 10^{16}$ Hz	360–10 nm	Nachrichtentechnik, Laser, Sonnenbank	dringt in äußere Hautschichten ein
Röntgenstrahlung (X)	$3 \cdot 10^{16}$ Hz–$3 \cdot 10^{21}$ Hz	10 nm–10^{-4} nm	Diagnostik, Materialprüfung	tiefes Eindringen in Gewebe
Gammastrahlung (γ)	$3 \cdot 10^{21}$ Hz–$3 \cdot 10^{23}$ Hz	10^{-4} nm–10^{-6} nm	Strahlentherapie, Materialprüfung	tiefes Eindringen in Festkörper
kosmische Höhenstrahlung	$> 3 \cdot 10^{23}$ Hz	$< 10^{-6}$ nm	Elementarteilchenphysik	tiefes Eindringen in Festkörper

1.5 Eigenschaften elektromagnetischer Wellen

Alle Wellen des elektromagnetischen Spektrums haben charakteristische Eigenschaften, die auch für ihren Nachweis genutzt werden. In der Schule verwendet man zur Demonstration dieser Eigenschaften gerne Zentimeterwellen (also Mikrowellen), da sie sich leicht erzeugen und nachweisen lassen. Einige dieser Versuchsaufbauten für Mikrowellen kennen Sie bereits von den Experimenten zur Optik aus der Mittelstufe, denn auch Licht kann als elektromagnetische Welle verstanden werden.
Folgende Eigenschaften aller Wellen lassen sich mit Mikrowellen nachweisen:

Reflexion

Elektromagnetische Wellen werden an glatten Oberflächen reflektiert. Dabei gilt das **Reflexionsgesetz:**

Einfallswinkel = Ausfallswinkel

Brechung

Elektromagnetische Wellen werden beim Übergang von einem Material zu einem anderen gebrochen. Dabei gilt das **Brechungsgesetz:**

$$\frac{\sin\alpha}{\sin\beta} = n = \frac{\lambda_1}{\lambda_2}$$

α = Einfallswinkel
β = Brechungswinkel
n = Brechzahl
λ_1 = Wellenlänge im Medium 1
λ_2 = Wellenlänge im Medium 2

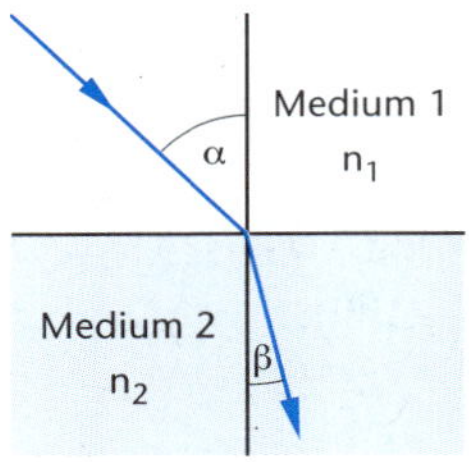

Man kann zeigen, dass beim Übergang einer elektromagnetischen Welle vom Vakuum (Ausbreitungsgeschwindigkeit = c) in einen Stoff mit der Dielektrizitätszahl ε_r und der Permeabilität μr die **Frequenz konstant** bleibt, während die **Ausbreitungsgeschwindigkeit** und damit auch die **Wellenlänge kleiner** werden. Dabei gilt für die Ausbreitungsgeschwindigkeit:

$$v = \frac{c}{n} = \frac{1}{\sqrt{\varepsilon_0 \cdot \mu_0 \cdot \varepsilon_r \cdot \mu_r}} = \frac{c}{\sqrt{\varepsilon_r \cdot \mu_r}}$$

Beugung

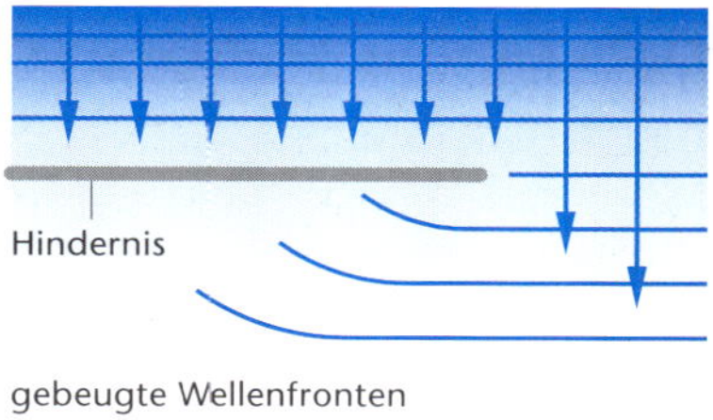

Bestrahlt man eine Metallplatte mit elektromagnetischen Wellen und versucht sie hinter der Platte nachzuweisen, so kann man feststellen, dass der Empfänger auch an den Rändern des „Schattenraumes“ der Platte ein Signal anzeigt. Hieraus lässt sich schließen, dass die Wellen vom Rand des Hindernisses nach innen abgelenkt werden. Diesen Effekt nennt man **Beugung.** (Man kennt diesen Effekt auch von mechanischen Wellen. Schallwellen werden z. B. „um die Ecke“ einer Häuserfront gebeugt, weshalb eine nahende Sirene auf der Querstraße trotz der dazwischenliegenden Häuser immer zu hören ist.)

Interferenz

Richtet man einen Mikrowellensender senkrecht auf eine ebene Metallplatte, so bildet sich in analoger Weise wie bei den mechanischen Wellen vor dem Spiegel eine stehende elektromagnetische Welle mit ortsfesten Schwingungsknoten (Minima) und Schwingungsbäuchen (Maxima) aus. Fährt man den Raum zwischen Sender und Metallspiegel mit einem Empfänger ab, kann man demzufolge einen regelmäßigen Wechsel von maximalen Amplituden und ausbleibendem Signal beobachten. Dies entsteht dadurch, dass die auf den Spiegel treffende Welle zurückreflektiert wird und sich mit der einlaufenden Welle überlagert.

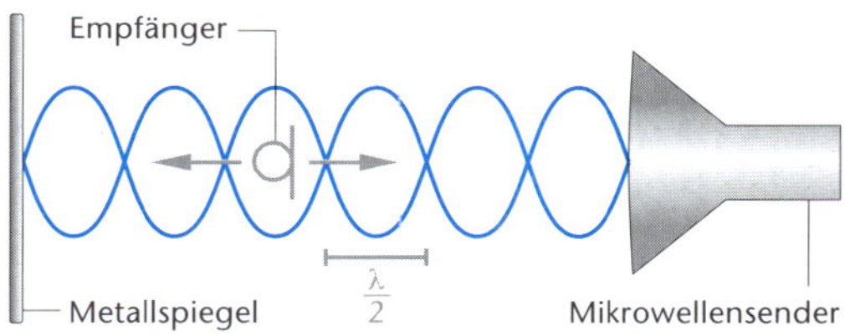

Die bei der Überlagerung von Wellen auftretenden Phänomene fasst man allgemein unter dem Begriff **Interferenz** zusammen. Bei der Überlagerung von Wellen treten auch noch andere Interferenzphänomene auf. Da sie für optische Versuche noch größere Bedeutung haben, werden sie erst im Kapitel 2.1 behandelt.

Polarisation

Im Kapitel 1.4 wurde das Diagramm einer elektromagnetischen Welle vorgestellt. Dabei war deutlich zu sehen, dass der Vektor der elektrischen Feldstärke $\vec{E}$ und der Vektor der magnetischen Flussdichte $\vec{B}$ immer senkrecht zueinander stehen. Die Feldvektoren mehrerer Wellen, die sich in gleicher Richtung fortpflanzen, müssen aber nicht alle in derselben Ebene liegen. $\vec{E}$ und $\vec{B}$ derselben Welle liegen zwar immer zueinander senkrecht, aber $\vec{E}_1$ und $\vec{E}_2$ von *zwei* in der gleichen Richtung fortschreitenden Wellen können in einem beliebigen Winkel zueinander liegen.
Ist dies der Fall, so spricht man von **unpolarisierten** Wellen (vgl. Abbildung unten). Schwingen die Feldvektoren dagegen nur in einer bestimmten Ebene, so liegt eine **linear polarisierte Welle** vor. Dabei nennt man die Ebene, in der der elektrische Feldstärkevektor schwingt, **Schwingungsebene,** die zu ihr senkrechte Ebene, in der der magnetische Feldstärkevektor schwingt, heißt **Polarisationsebene.**
Zusätzlich gibt es noch den Fall, dass die Spitze des elektrischen Feldstärkevektors in einer senkrecht zur Ausbreitungsrichtung liegenden Ebene einen Kreis beschreibt. Dann spricht man von **zirkular polarisierten** Wellen.

Aus unpolarisierten Wellen lassen sich mithilfe eines **Polarisators** (auch **Polarisationsfilter** genannt) polarisierte Wellen erzeugen. Dabei wird aus den vielen vorliegenden Schwingungsrichtungen eine Vorzugsrichtung herausgefiltert. Dies wird in der Abbildung veranschaulicht. Dabei wurde zur Vereinfachung lediglich das elektrische Feld eingezeichnet. Würde man die linear polarisierte Welle nochmals durch einen Polarisator schicken, der senkrecht zum ersten angeordnet ist, so könnte man hinter diesem zweiten Polarisator kein Signal mehr messen. Da ein solcher zweiter Polarisator somit geeignet ist, eine linear polarisierte Welle nachzuweisen, wird er auch als **Analysator** bezeichnet.

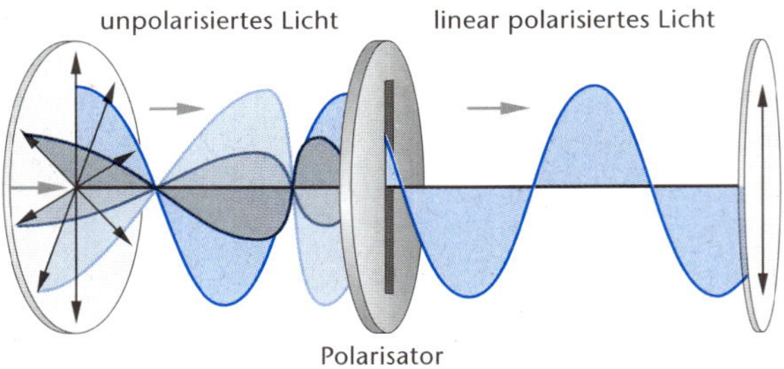

Beispiel
Für Mikrowellen kann man als Polarisator ein einfaches, aus dünnen Metallstäben bestehendes Gitter verwenden. Man kann beobachten, dass die vom Sender ausgehenden Wellen nur in einer Orientierung ungehindert das Gitter passieren, und zwar dann, wenn die Stäbe *senkrecht* zur Schwingungsebene ausgerichtet sind. Dreht man es dagegen um 90°, so ist das Signal hinter dem Gitter verschwunden. Dies ist ein eindeutiger Nachweis dafür, dass die Mikrowellen den Sender bereits polarisiert verlassen.

1.6 Musteraufgaben zu den Themen des Kapitels

Aufgabe 1: *(Arbeitszeit: 70 Minuten)*

A) Eine mechanische Welle wird durch die folgenden Diagramme beschrieben:

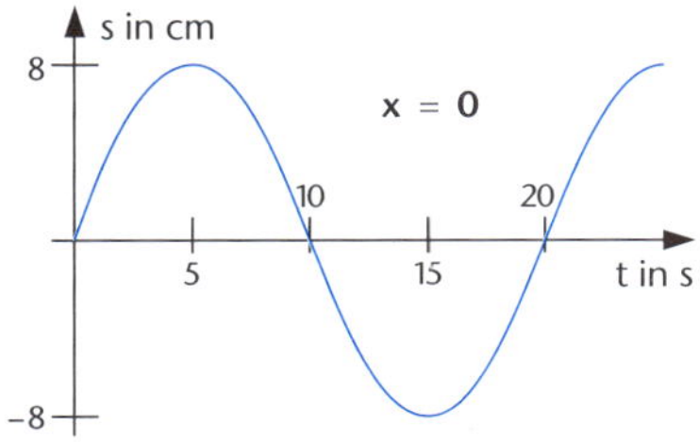

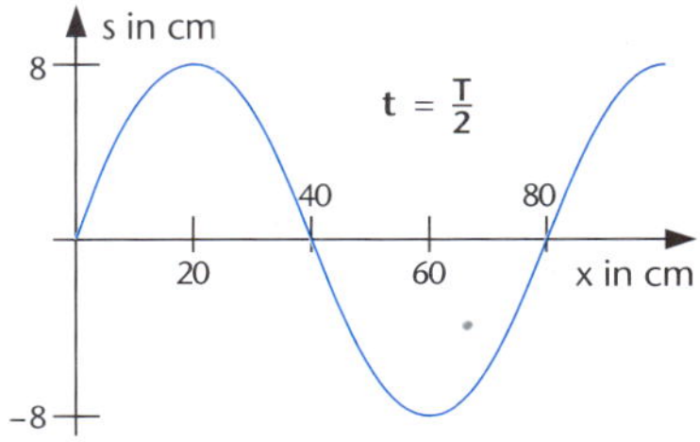

1.1 Welche Eigenschaften der Welle beschreiben die Diagramme? Warum werden zur vollständigen Beschreibung zwei Diagramme benötigt? Bestimmen Sie auch die Ausbreitungsgeschwindigkeit der Welle.

1.2 Berechnen Sie mithilfe der Schwingungsgleichung, welche Elongation ein Einzelschwinger hat, der sich 50 cm in Ausbreitungsrichtung hinter dem Schwingungserreger befindet.

B) Betrachten Sie nun eine Reihe gekoppelter Pendel, deren erstes sich an der Stelle x = 0 befindet. Das erste Pendel beginnt mit einer Frequenz von 0,4 Hz und einer Amplitude von 15 cm zu schwingen, wobei die Elongation zunächst positiv ist. Durch die Kopplung breitet sich die Schwingung auf die anderen Pendel aus und erreicht dabei eine Ausbreitungsgeschwindigkeit von 5 $m\,s^{-1}$.

1.3 Berechnen Sie Wellenlänge und Schwingungsdauer der entstehenden Welle und stellen Sie die Wellengleichung auf.
1.4 Bestimmen Sie mit der Wellengleichung, welche Elongation ein Schwinger an einer 32,5 m vom Ausgangspunkt entfernten Stelle 10 Sekunden nach Beginn der Schwingung besitzt.
1.5 Skizzieren Sie in zwei Diagrammen ein Momentanbild der Welle für $t = 0{,}75\,T$ sowie den zeitlichen Verlauf der Welle am Ort $x = 32{,}5$ m.
1.6 Welche Gleichung muss eine zweite Welle haben, die bei Überlagerung mit der Ausgangswelle zur Auslöschung führt?

Aufgabe 2: *(Arbeitszeit: 70 Minuten)*

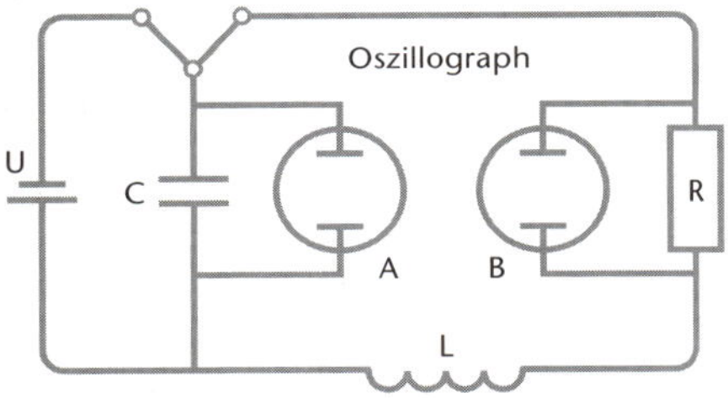

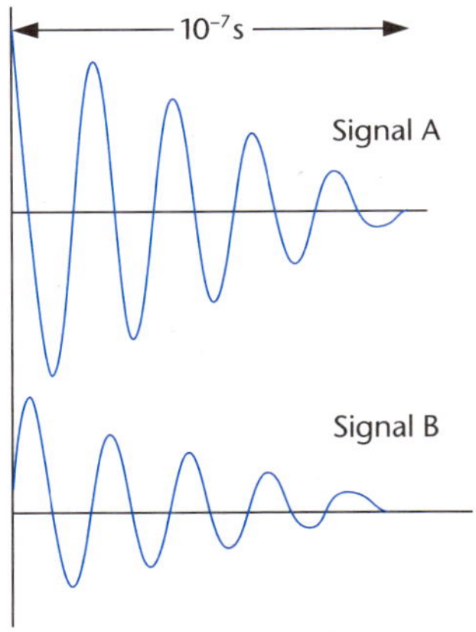

Nach dem Umlegen des Schalters werden mit zwei Oszillographen die beiden nebenstehenden Oszillogramme eines Schwingkreises aufgezeichnet.

2.1 Erläutern Sie die Entstehung elektromagnetischer Schwingungen im Schwingkreis.
2.2 Mithilfe der beiden Oszillographen wurden im Schwingkreis die Spannung (Signal A) und die Stromstärke (Signal B) in Abhängigkeit von der Zeit aufgezeichnet. Welche Gemeinsamkeiten und Unterschiede weisen die beiden Oszillogramme auf? Geben Sie auch eine Erklärung für diese Gemeinsamkeiten und Unterschiede.
2.3 Berechnen Sie mithilfe des Oszillographenbildes und der Zeitangabe für die Gesamtschwingung (10^{-7} s) die Frequenz der Schwingung.
2.4 Der verwendete Kondensator hat eine Kapazität von 4 pF. Wie groß muss die Induktivität des Schwingkreises sein?

2.5 Wie würden sich die Oszillogramme verändern, wenn man
a) die Kapazität vervierfacht;
b) den Widerstand verkleinert?

2.6 Wie kann man ein Abnehmen der Amplituden verhindern?

2.7 Der Kondensator wird mit einer Spannung von $U = 10\,V$ aufgeladen. Berechnen Sie die maximale Stromstärke im Schwingkreis.

2.8 An den Schwingkreis wird induktiv ein Dipol gekoppelt. Welche Länge muss er haben, um in Resonanz zum Schwingkreis schwingen zu können?

2.9 Ein Dipol kann nicht nur in der Grundschwingung schwingen, sondern auch in Oberschwingungen. In der Abbildung ist die erste Oberschwingung eingezeichnet, die im Dipolinnern zwei Knoten aufweist. Wie muss man die Induktivität des anregenden Schwingkreises verändern, damit ein Dipol von 3 m Länge in dieser ersten Oberschwingung schwingt?

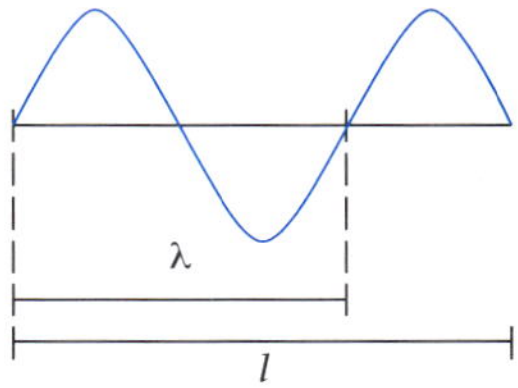

1.7 Lösungen

Aufgabe 1:

1.1 Da eine Welle von zwei Veränderlichen (x und t) abhängig ist, kann man Wellen nicht in einem einzelnen Diagramm beschreiben. Hier beschreibt das erste Diagramm wegen $x = 0$ die Elongation des ersten (erregenden) Schwingers in Abhängigkeit von der Zeit. Die Welle hat also eine Periodendauer von 20 s, was einer Frequenz von $f = T^{-1} = 0{,}05\,Hz$ entspricht. Das zweite Diagramm beschreibt die räumliche Verteilung der Welle, nachdem das erste Pendel eine halbe Schwingung vollendet hat. Man entnimmt dem Diagramm eine Wellenlänge von 80 cm. Das ergibt eine Ausbreitungsgeschwindigkeit von:

$$v = \frac{\lambda}{T} = \frac{80\,cm}{20\,s} = 4\,\frac{cm}{s} = 0{,}04\,\frac{m}{s}$$

1.2 Die Schwingungsgleichung für einen Einzelschwinger lautet hier:

$$s(t) = \hat{s} \cdot \sin\left(\frac{2\pi}{T} \cdot t\right) = 8\,cm \cdot \sin\left(\frac{2\pi}{20\,s} \cdot t\right)$$

Bei einer Ausbreitungsgeschwindigkeit von $4\ \text{cm} \cdot \text{s}^{-1}$ benötigt die Schwingung 12,5 s, um den Schwinger in 50 cm Entfernung zu erreichen. Nach 15 Sekunden hat dieser Schwinger also eine Schwingungszeit von $t = 2{,}5\ \text{s}$ durchlaufen. Setzt man diesen Wert in die Schwingungsgleichung ein, so erhält man:

$$s(2{,}5\ \text{s}) = 8\ \text{cm} \cdot \sin\left(\frac{2\pi}{20\ \text{s}} \cdot 2{,}5\ \text{s}\right) = 8\ \text{cm} \cdot \sin\left(\frac{\pi}{4}\right) = 5{,}66\ \text{cm}$$

1.3 Aus $f = 0{,}4\ \text{Hz}$ ergibt sich: $\lambda = \frac{v}{f} = \frac{5\frac{\text{m}}{\text{s}}}{0{,}4\frac{1}{\text{s}}} = 12{,}5\ \text{m}$

Zudem gilt für die Periodendauer: $T = \frac{1}{f} = \frac{1}{0{,}4\frac{1}{\text{s}}} = 2{,}5\ \text{s}$

Man erhält als Wellengleichung:

$$s(t, x) = \hat{s} \cdot \sin 2\pi \left(\frac{t}{T} - \frac{x}{\lambda}\right) = 0{,}15\ \text{m} \cdot \sin 2\pi \cdot \left(\frac{t}{2{,}5\ \text{s}} - \frac{x}{12{,}5\ \text{m}}\right)$$

1.4 $s(10\ \text{s}, 32{,}5\ \text{m}) = 0{,}15\ \text{m} \cdot \sin 2\pi \cdot \left(\frac{10\ \text{s}}{2{,}5\ \text{s}} - \frac{32{,}5\ \text{m}}{12{,}5\ \text{m}}\right) = 0{,}088\ \text{m} = 8{,}8\ \text{cm}$

1.5

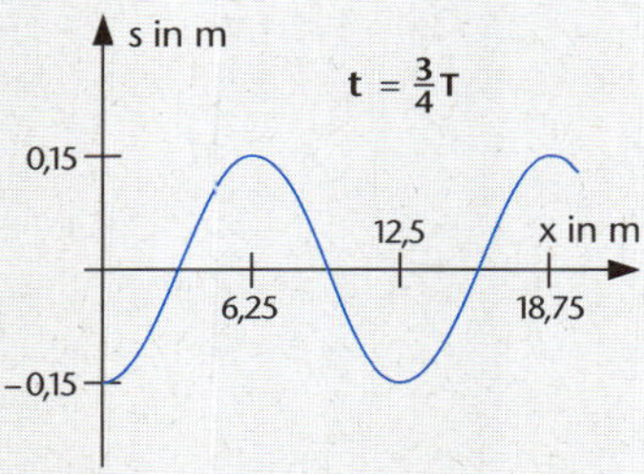

Bei $t = \frac{3}{4}T$ hat der erste Schwinger drei Viertel seiner Periodendauer durchlaufen.
Er befindet sich daher an seinem Tiefpunkt.

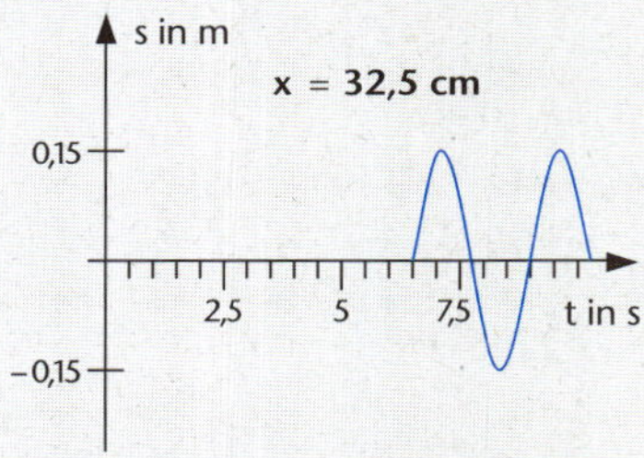

Bei einer Ausbreitungsgeschwindigkeit von $5\ \text{m}\,\text{s}^{-1}$ dauert es 6,5 s, bis die Schwingung bei $x = 32{,}5\ \text{m}$ angekommen ist. Daher ist bis zu dieser Stelle kein Signal eingezeichnet.

1.6 Um Auslöschung zu erzielen, müssen die beiden Wellen um eine halbe Wellenlänge gegeneinander verschoben sein. Man kann die Wellengleichung der zweiten Welle am einfachsten dadurch erzeugen, dass man alle Elongationen umkehrt, d. h. an der x-Achse spiegelt. Dies erreicht man durch ein negatives Vorzeichen vor der Amplitude. Man erhält:

$$s(t, x) = -0{,}15\ \text{m} \cdot \sin 2\pi \cdot \left(\frac{t}{2{,}5\ \text{s}} - \frac{x}{12{,}5\ \text{m}}\right)$$

Aufgabe 2:

2.1 In einem Schwingkreis entlädt sich ein Kondensator über eine Spule. Dabei wird in der Spule ein magnetisches Feld aufgebaut. Beim Aussetzen des Entladestroms bricht das Magnetfeld zusammen, wodurch ein Induktionsstrom erzeugt wird, der den Stromfluss aufgrund der lenzschen Regel in derselben Richtung für eine Weile aufrechterhält. So kann der Kondensator erneut, aber mit umgekehrter Polung, aufgeladen werden. Anschließend beginnt der Vorgang in umgekehrter Richtung von neuem. Während des Schwingungsvorgangs wird ständig elektrische Feldenergie des Kondensators in magnetische Feldenergie der Spule verwandelt und umgekehrt.

2.2 Die Spannung am Kondensator nimmt aufgrund der Entladung von ihrem Maximalwert U_0 aus zunächst ab, während die Stromstärke im Verlauf der Entladung zunimmt. Spannung und Stromstärke schwingen mit derselben Frequenz, nämlich mit der Eigenfrequenz des Schwingkreises, die durch Kapazität und Induktivität vorgegeben ist. Die Schwingung beider Größen ist gedämpft, da keine weitere Energie nachgeliefert wird und der elektrische Widerstand zur Abgabe von Energie führt. Die Stromstärke ist allerdings gegenüber der Spannung phasenverschoben. Dies liegt daran, dass die Spannung beim Entladen des Kondensators abnimmt, während die Stromstärke gleichzeitig zunimmt. Beim Aufladen ist es dann gerade umgekehrt.

2.3 In 10^{-7} Sekunden erfolgen 5 vollständige Schwingungen. Es ergibt sich also eine Periodendauer von $T = 2 \cdot 10^{-8}$ s.

2.4 Die thomsonsche Schwingungsformel lautet: $T = 2\pi \cdot \sqrt{L \cdot C} \Rightarrow L = \frac{1}{C} \cdot \frac{T^2}{4\pi^2}$

Einsetzen liefert: $L = \frac{4 \cdot 10^{-16}\,s^2}{4\pi^2 \cdot 4 \cdot 10^{-12}\,F} = 2{,}53 \cdot 10^{-6}\,H$

(*Einheiten:* $\frac{s^2}{F} = \frac{s^2}{\frac{A \cdot s}{V}} = \frac{V \cdot s}{A} = H$)

2.5 Eine Vervierfachung der Kapazität bedeutet nach der Thomson-Formel wegen $T \sim \sqrt{C}$ eine Verdopplung der Schwingungsdauer bzw. Halbierung der Frequenz. In den 10^{-7} Sekunden des Oszillogramms wären also nur noch 2,5 Schwingungen zu sehen.
Eine Verkleinerung des Widerstandes ist gleichbedeutend mit der Verringerung der Dämpfung. Die Amplituden würden also weniger schnell abfallen.

2.6 Eine Abnahme der Amplitude kann nur mit ständiger Energiezufuhr verhindert werden. Dazu dient z. B. die meißnersche Rückkopplungsschaltung, die am Ende von Kap. 2.1 ausführlich beschrieben wurde.

2.7 Die Berechnung der Stromstärke ist über einen Energieansatz möglich:

$$\frac{1}{2}\cdot C\cdot U^2 = \frac{1}{2}\cdot L\cdot I^2 \Rightarrow I = \sqrt{\frac{C\cdot U^2}{L}} = U\cdot\sqrt{\frac{C}{L}} = 10\,\text{V}\cdot\sqrt{\frac{4\cdot 10^{-12}\,\text{F}}{2{,}53\cdot 10^{-6}\,\text{H}}} =$$

$$= 1{,}26\cdot 10^{-2}\,\text{A} = 0{,}126\,\text{mA}$$

$$\left(\textit{Einheiten: } \sqrt{\frac{\text{F}\cdot\text{V}^2}{\text{H}}} = \sqrt{\frac{\frac{\text{A}\cdot\text{s}}{\text{V}}\cdot\text{V}^2}{\frac{\text{V}\cdot\text{s}}{\text{A}}}} = \sqrt{\text{A}^2} = \text{A}\right)$$

2.8 Es gilt: $l = n\cdot\frac{\lambda}{2}$; $n = 1, 2, 3, \ldots$

Ein mit der Frequenz $f = \frac{1}{T} = \frac{1}{2\cdot 10^{-8}\,\text{s}} = 5\cdot 10^7\,\text{Hz}$ schwingender

Schwingkreis liefert eine Wellenlänge von:

$$\lambda = \frac{c}{f} = \frac{2{,}997\cdot 10^8\,\frac{\text{m}}{\text{s}}}{5\cdot 10^7\,\frac{1}{\text{s}}} = 5{,}994\,\text{m} \approx 6\,\text{m}$$

Damit ergibt sich für die Grundschwingung eine optimale Dipollänge von 3 m.

2.9 Der Skizze kann man entnehmen, dass die Wellenlänge der ersten Oberschwingung $\lambda = \frac{2}{3}l$ beträgt.

Für die Frequenz erhält man: $f = \frac{c}{\lambda} = \frac{3\cdot c}{2\cdot l}$

Eingesetzt in die Thomson-Formel ergibt sich:

$$\frac{2\cdot l}{3\cdot c} = 2\pi\cdot\sqrt{L\cdot C} \Rightarrow L = \frac{l}{9\cdot c^2\cdot\pi^2\cdot C}$$

Für die Induktivität L erhält man:

$$L = \frac{9\,\text{m}^2}{9\pi^2\cdot 8{,}982\cdot 10^{16}\,\frac{\text{m}^2}{\text{s}^2}\cdot 4\cdot 10^{-12}\,\text{F}} = 2{,}82\cdot 10^{-7}\,\text{H}$$

$$\left(\textit{Einheiten: } \frac{\text{m}^2}{\frac{\text{m}^2}{\text{s}^2}\cdot\text{F}} = \frac{\text{s}^2}{\frac{\text{A}\cdot\text{s}}{\text{V}}} = \frac{\text{V}\cdot\text{s}}{\text{A}} = \text{H}\right)$$

Kapitel 2

Quantenphysik

2.1 Licht als elektromagnetische Welle / Interferenzversuche

Die Frage nach dem Ursprung des Lichtes und seiner Beschaffenheit hat die Menschen von jeher beschäftigt. Erste wissenschaftliche Beschreibungsversuche benutzten ein Lichtstrahlenmodell, wie es etwa in der Mittelstufenphysik noch heute verwendet wird. Eine nähere Beschreibung dessen, was sich eigentlich strahlenförmig als „Licht" ausbreitet, wurde zuerst 1687 von Newton geliefert. Er stellte sich Licht als Korpuskeln vor, also kleine Materieteilchen. Sie sollten so klein und leicht sein, dass sie nur in ihrer Summe beobachtbar waren. Die Korpuskeln gehorchen dabei den Gesetzen der Mechanik. Ihre Flugbahn ist dann der beobachtbare Lichtstrahl. Mit diesem Modell konnte Newton alle bis dahin beobachteten optischen Effekte deuten, nämlich die geradlinige Ausbreitung, die Reflexion und die Brechung. Nahezu zeitgleich zu Newton wurde aber bereits von Huygens eine Wellenlehre des Lichtes formuliert. Huygens formulierte das wichtige, heute nach ihm benannte **huygenssche Prinzip:**

> Jeder Punkt einer Wellenfront kann als Ausgangspunkt einer neuen Welle, der so genannten **Elementarwelle,** verstanden werden. Diese Elementarwellen breiten sich mit derselben Geschwindigkeit aus wie die ursprüngliche Welle. Die Überlagerung aller Elementarwellen ergibt als Einhüllende eine neue Wellenfront.

Beispiel

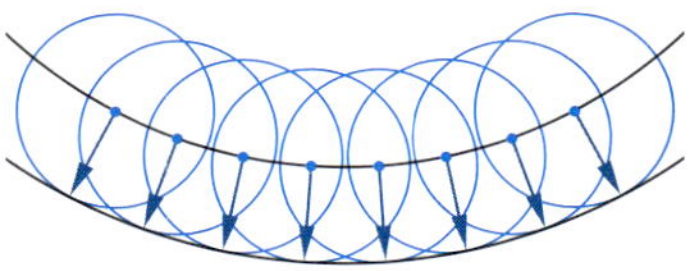

Eine gerade Wellenfront kann man sich aus der Einhüllenden vieler elementarer Kreiswellen entstanden denken. Die Ausbreitungsrichtung der Wellenfront wird in der Abbildung durch die senkrecht zu ihr stehenden Richtungsvektoren verdeutlicht. Die Elementarwellen einer solchen Wellenfront kann man sichtbar machen, wenn man alle Elementarwellen bis auf eine durch einen Spalt ausblendet. Hinter dem Spalt setzt sich diese einzelne verbleibende Elementarwelle dann als Kreiswelle fort. Man spricht von der **Beugung** der Welle.

Huygens konnte sich aber mit seinen Vorstellungen gegen den weitaus angeseheneren Newton nicht durchsetzen. Erst 1801 wurde von Young der entscheidende experimentelle Nachweis für die Wellennatur des Lichtes geliefert. Bei seinem Interferenzexperiment konnten die Beobachtungen nicht mit Newtons Korpuskeltheorie in Einklang gebracht werden.

Schon bei den Eigenschaften von Mikrowellen hatten wir die stehende Welle vor einem Metallspiegel als Interferenzphänomen bei der Überlagerung von Wellen gedeutet. Bei einer solchen Überlagerung gilt das schon aus der Mechanik bekannte **Superpositionsprinzip**, welches besagt, dass die sich überlagernden Wellen sich nicht gegenseitig stören. Die Gesamtamplitude ergibt sich aus der Addition der Einzelamplituden. Dabei sind zwei Fälle besonders wichtig:

- Überlagern sich zwei Wellen mit gleicher Frequenz und Amplitude, die um ein **ungeradzahliges** Vielfaches der halben Wellenlänge

  $\Delta s = (2n - 1) \cdot \frac{\lambda}{2}$; $n = 1, 2, 3, \ldots$

  verschoben sind, so findet eine **Auslöschung** statt **(destruktive Interferenz)**.

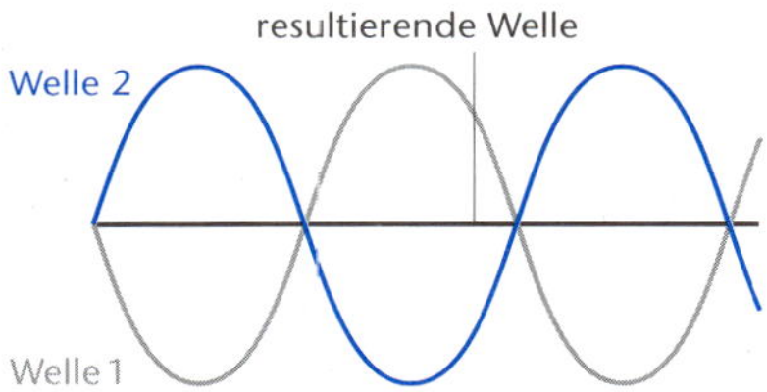

- Überlagern sich zwei Wellen mit gleicher Frequenz und Amplitude, die um ein **geradzahliges** Vielfaches der halben Wellenlänge

  $\Delta s = 2n \cdot \frac{\lambda}{2} = n \cdot \lambda$; $n = 1, 2, 3, \ldots$

  verschoben sind, so findet eine **maximale Verstärkung** statt **(konstruktive Interferenz)**.

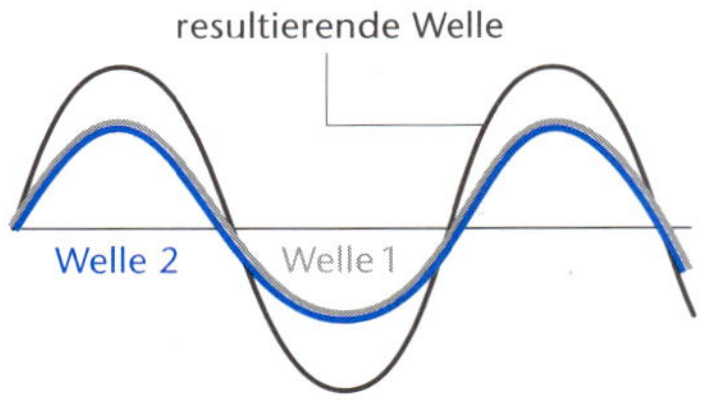

Kleine Merkhilfe für diesen Zusammenhang:

Geradlin**i**gkeit **verstärkt konstruktiv**e Kritik!

Die Erzeugung zweier gleichartiger Wellenzüge ist mit Lichtwellen allerdings nicht ganz unproblematisch. Würde man versuchen, sie mit zwei verschiedenen Lichtquellen zu erzeugen, so könnte man in der Regel trotz gleicher Wellenlängen und Amplituden keine Interferenz beobachten. (Die einzige Ausnahme sind aufwendig aufeinander abgestimmte Laser.) Dies hat im Wesentlichen zwei Ursachen:

- Licht entsteht in den Elektronenhüllen von Atomen oder Molekülen (siehe dazu auch Kap. 3). Sie senden Licht aber nicht stetig aus, sondern Wellenzüge begrenzter Länge in sehr kurzen Zeitabständen.
- Zwischen den verschiedenen Wellenzügen besteht keine konstante Phasenbeziehung. Würde man sie auf einer Achse auftragen, hätte jeder Wellenzug eine andere Phasenverschiebung. Eine gleich bleibende Phasenbeziehung zwischen den Wellen ist aber unbedingte Voraussetzung für die Interferenz.

Die Voraussetzungen für Interferenz fasst man unter dem Begriff **Kohärenz** zusammen. Es gilt:

> **!** Um Interferenzen zu erzeugen, müssen die sich überlagernden Wellen **kohärent** sein, also nicht nur **gleiche Wellenlänge**, sondern auch eine **konstante Phasenbeziehung** haben. Dazu müssen sie vom gleichen Punkt gleichzeitig ausgegangen sein.
> Ferner dürfen sich die von den beiden Wellen zurückgelegten Wege um höchstens die Länge eines Wellenzuges unterscheiden, die man daher auch als **Kohärenzlänge** bezeichnet.

Die Kohärenzlänge beträgt bei Sonnenlicht nur einige λ und kann mit geeigneten Lampen auf etwa 30 cm gesteigert werden. Für Interferenzexperimente mit solchen Lichtquellen sind daher teilweise recht aufwendige Versuchsaufbauten und Justierungsarbeiten erforderlich. Lediglich der Laser erreicht Kohärenzlängen von teilweise mehreren 100 km. Da der Laser zudem ein extrem **monochromatisches** Licht (also Licht einer exakt definierten Wellenlänge) erzeugt, ist er für Interferenzexperimente mit Licht ganz besonders gut geeignet.

Um die Kohärenzbedingungen zu erfüllen, muss man das Licht einer einzigen Lichtquelle in zwei Anteile aufspalten. Die beiden Teilstrahlen durchlaufen anschließend verschieden lange Wege und werden dann wieder überlagert. Dazu gibt es mehrere Versuchsanordnungen (so genannte Interferometer), von denen nun einige vorgestellt werden sollen.

Interferenz am Doppelspalt

Das erste erfolgreiche Interferenzexperiment mit Licht führte Young am Doppelspalt durch. Hier wird das Licht auf zwei sehr schmale Spalte (Größenordnung: ein viertel Millimeter) gelenkt, die sich in einem geringen Abstand voneinander befinden (Größenordnung: 0,5 – 1 mm). In einiger Entfernung hinter dem Spalt wird ein Schirm aufgestellt. Auf diesem ist dann ein typisches Interferenzstreifenmuster erkennbar:

Man kann die Beobachtung damit erklären, dass man aufgrund des huygensschen Prinzips die beiden Spalte als Ausgangspunkt zweier Elementarwellen auffasst. Es kommt an den Spalten zur Beugung. Die sich überlagernden Wellenzüge haben dann an verschiedenen Stellen des Schirmes unterschiedlich große Weglängenunterschiede Δs durchlaufen. Beträgt Δs ein ungeradzahliges Vielfaches der halben Wellenlänge, so kommt es zur Auslöschung (dunkle Streifen, auch **Interferenzminima** genannt). Zur Verstärkung (helle Streifen, auch **Interferenzmaxima** genannt) kommt es bei geradzahligen Vielfachen der halben Wellenlänge. Den Spalten direkt gegenüber befindet sich ein Maximum, das als **Maximum 0. Ordnung** bezeichnet wird. Die weiteren Maxima werden nach außen durchnummeriert (1. Ordnung, 2. Ordnung, ...).

Das entstehende Interferenzmuster lässt sich zeichnerisch auch gut an zwei sich überlagernden Kreiswellen (z. B. auf einer Wasseroberfläche) verdeutlichen. Die Wellenberge sind durchgehend, die Täler gestrichelt gezeichnet. Treffen Berg und Tal auf-

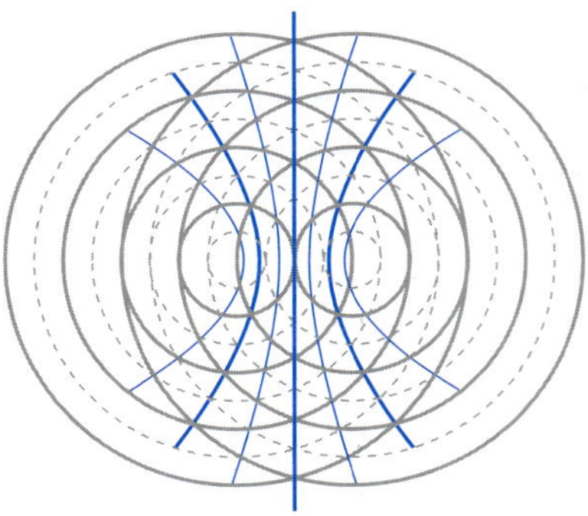

einander, entstehen Zonen der Auslöschung (blaue dünne Linien). Treffen zwei Täler oder Berge zusammen, erhält man Verstärkung (blaue dicke Linien). Stellt man sich am oberen Bildrand den Schirm vor, ist der Wechsel von hellen und dunklen Streifen gut zu beobachten.
Die Lage der Maxima und Minima auf dem Schirm kann aber auch rechnerisch ermittelt werden. In der Skizze bedeuten:

g: Spaltabstand
b: Entfernung Spalt/Schirm („Bildweite")
Δs: Weglängenunterschied (= Gangunterschied) zwischen den Wegen s_1 und s_2
d_n: Abstand zum Maximum 0. Ordnung

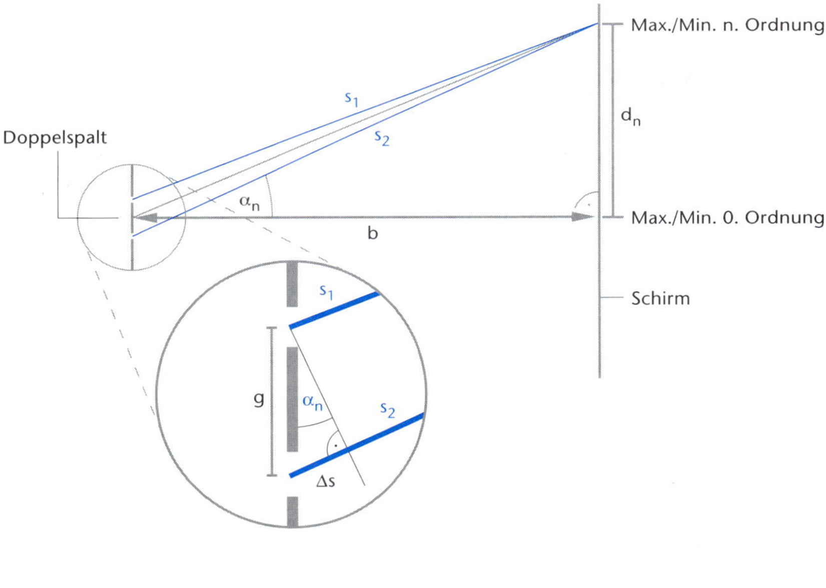

Stellt man den Schirm in ausreichender Entfernung vom Spalt auf, so gilt $b \gg g$. Dann kann man in guter Näherung davon ausgehen, dass die beiden Wellennormalen s_1 und s_2 in der Nähe des Spaltes parallel zueinander verlaufen. Dabei ist der untere Weg bis zum Auftreffpunkt auf dem Schirm um das Stück Δs, auch **Gangunterschied** genannt, länger als der obere. Die Länge von Δs wird vom Winkel α zur optischen Achse bestimmt. Dieser Winkel tritt in zwei rechtwinkligen Dreiecken auf; für diese beiden Dreiecke gilt:

großes Dreieck: $\tan\alpha = \frac{d_n}{b}$ kleines Dreieck: $\sin\alpha = \frac{\Delta s}{g}$

Wegen $b \gg g$ ist der Winkel α relativ klein. Für kleine Winkel unter 8° sind Sinus und Tangens eines Winkels etwa gleich. In guter Näherung lässt sich also schreiben:

$$\frac{d_n}{b} = \frac{\Delta s}{g} \Rightarrow d_n = \frac{b \cdot \Delta s}{g}$$

Für Interferenzmaxima muss der Weglängenunterschied Δs ein geradzahliges Vielfaches der halben Wellenlänge sein, für Interferenzminima dagegen ein ungeradzahliges Vielfaches der halben Wellenlänge. Somit erhält man:

!

Am Doppelspalt gilt für den Abstand d_n zwischen dem Maximum 0. Ordnung und dem Minimum/Maximum n-ter Ordnung:

für Minima: $$d_n = \frac{(2n-1) \cdot \lambda \cdot b}{2 \cdot g}$$

für Maxima: $$d_n = \frac{n \cdot \lambda \cdot b}{g}$$

$n = 1, 2, 3, \ldots$

In der Versuchsanordnung sind alle Größen der obigen Formel sehr leicht messbar. Ein Doppelspaltexperiment eignet sich daher gut zum Bestimmen der Wellenlänge einer monochromatischen Lichtquelle.

Beispiel

Bestimmen Sie die Wellenlänge einer Lichtquelle, für die in einem Doppelspaltexperiment folgende Messdaten ermittelt wurden:
Spaltabstand: $0{,}4 \cdot 10^{-3}$ m
Abstand Spalt/Schirm: 4,3 m
Abstand zwischen dem rechten und linken Maximum 3. Ordnung: 3,2 cm

Lösung: Da die Maxima symmetrisch liegen, muss für den Abstand d_3 gerade die Hälfte des gemessenen Abstandes zwischen den Maxima eingesetzt werden.

Man erhält: $\lambda = \frac{d_n \cdot g}{n \cdot b} = \frac{0{,}016\ m \cdot 0{,}4 \cdot 10^{-3}\ m}{3 \cdot 4{,}3\ m} = 4{,}96 \cdot 10^{-7}\ m = 496\ nm$

Im weiter vorn abgebildeten Doppelspalt-Interferenzbild konnte man sehen, dass die Intensität der Maxima nach außen abnimmt. Misst man das Interferenzbild mit Fotozellen durch, so ergibt sich eine typische Intensitätsverteilung, wie sie in der Abbildung wiedergegeben ist. Die relativ breiten Maxima erschweren dabei die genaue Ortsbestimmung der Maxima.

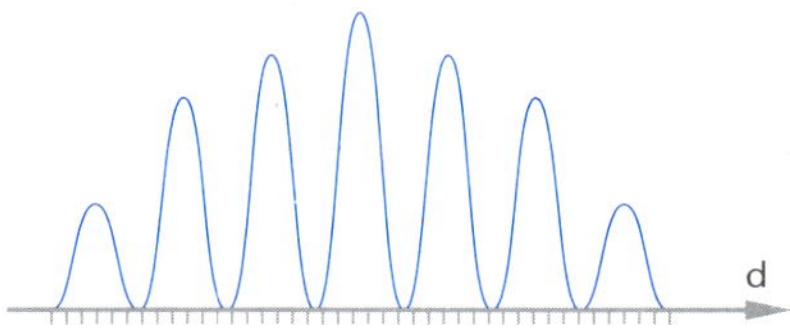

Interferenz am Gitter

Mehrfachspalte oder optische Gitter lassen sich theoretisch analog zum Doppelspalt behandeln. Die sich ergebenden Formeln sind identisch zu den Formeln für den Doppelspalt, wobei für g wiederum der Abstand zwischen jeweils zwei Spaltmitten einzusetzen ist. Man nennt g die **Gitterkonstante.** Das Gitter hat jedoch den Vorteil, dass das Interferenzbild nicht nur aus der Überlagerung von zwei Wellen entsteht, sondern dass sich hier durch die hohe Zahl von Spalten sehr viele Wellen überlagern. Das Interferenzbild eines Gitters weist wegen dieser Mehrfachinterferenzen auch einige Unterschiede zum Interferenzbild des Doppelspaltes auf:

- Die Intensitäten sind bedeutend *größer* und nehmen zum Rand hin weniger stark ab.
- Die Maxima sind erheblich *schärfer* (also schmaler) und liegen zudem bei großen Spaltdichten weiter auseinander, was zu deutlich besserer Messbarkeit der Abstände führt.
- Zwischen den Hauptmaxima lassen sich lichtschwächere *Nebenmaxima* erkennen.

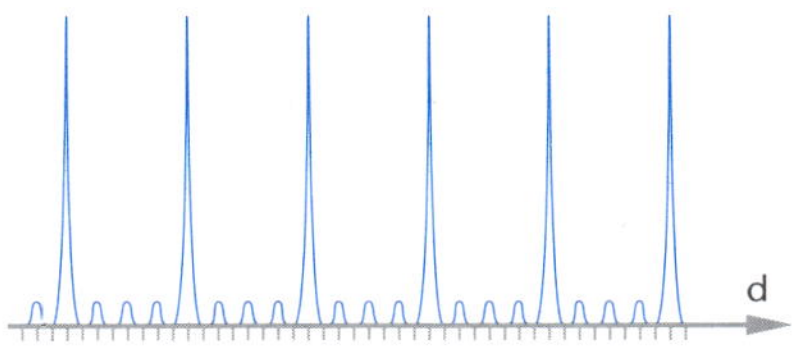

Wegen der hohen Messgenauigkeit werden Gitter immer dann eingesetzt, wenn es um eine sehr genaue Bestimmung von Wellenlängen geht.

Mit optischen Gittern kann man aber nicht nur monochromatisches Licht vermessen, sondern auch farbiges Licht in seine Spektralfarben zerlegen.
Aufgrund der Bedingung für Interferenzmaxima $\sin\alpha = \frac{\Delta s}{g} = \frac{n \cdot \lambda}{g}$ ergeben sich nämlich verschiedene Ablenkungswinkel für verschiedene Wellenlängen. Rotes Licht wird aufgrund seiner größeren Wellenlänge stärker abgelenkt als blaues Licht, sodass es zur Aufspaltung des Spektrums kommt. (Dieses ist übrigens farblich genau umgekehrt zum Prismenspektrum angeordnet.) Da das Spektrum einer Lichtquelle sehr charakteristisch für die Art der Atome oder Moleküle ist, von denen es ausgesandt wurde, kann man Lichtspektren zum Analysieren unbekannter Stoffgemische verwenden. Diesen Wissenschaftszweig nennt man **Spektroskopie.** Insbesondere lässt sich die stoffliche Zusammensetzung von Himmelsobjekten spektroskopisch ermitteln, weshalb die Spektroskopie auch in der Astronomie eine große Bedeutung erlangt hat.

VERTIEFUNG

Das **Michelson-Interferometer** spaltet einen Lichtstrahl auf ganz andere Art auf als Doppelspalt oder Gitter. Das Licht der Quelle wird zunächst an einem halbdurchlässigen Spiegel geteilt. Etwa die Hälfte des Lichtes passiert den Spiegel ungehindert, die andere Hälfte wird reflektiert. Beide Anteile durchlaufen die Wege s_1 bzw. s_2 und werden dann an einem ebenen Spiegel zum Strahlteiler zurückreflektiert. Hier erfolgt wieder die Aufspaltung in einen reflektierten und einen durchgelassenen Anteil. Bei der Überlagerung haben diese beiden Teile unterschiedliche Weglängen s_1 bzw. s_2 zurückgelegt. (Zur besseren Verdeutlichung sind Hin- und Rückwege auf der obigen Skizze getrennt eingezeichnet. In der Realität läuft das Licht

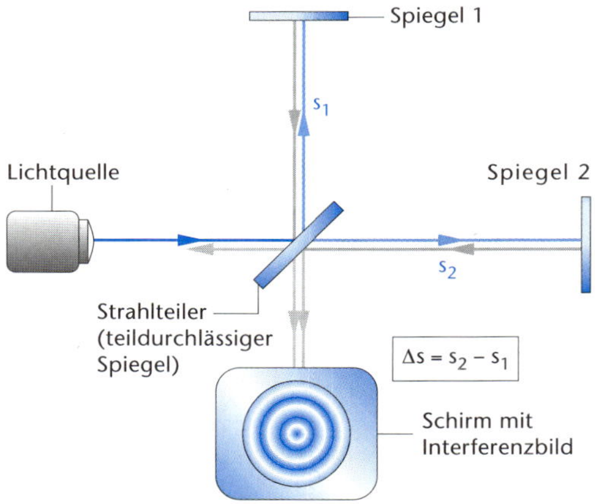

nach der Reflexion am ebenen Spiegel wegen des senkrechten Einfalls natürlich genau denselben Weg zurück, den es gekommen ist.)
Das durch den Weglängenunterschied Δs entstehende Interferenzbild kann auf einem Schirm oder mit einem lichtempfindlichen Detektor aufgefangen werden. Da es im Unterschied zu den Interferenzbildern bei Doppelspalt oder Gitter nicht durch Beugung entstanden ist, sind beim Michelson-Interferometer die Maxima und Minima konzentrisch angeordnet. Je nach Größe von Δs kommt es nun in der Mitte des Interferenzbildes zu konstruktiver oder destruktiver Interferenz. Der Gangunterschied lässt sich bei dieser Anordnung leicht durch Verschieben eines der ebenen Spiegel verändern. Mit den dadurch hervorgerufenen Veränderungen im Interferenzbild lassen sich auch feinste Längenänderungen eines Gegenstandes messen, wenn man ihn an einem der Spiegel befestigt.

2.2 Licht im Quantenmodell / Fotoeffekt

Eine mit Schmirgelpapier aufgeraute Zinkplatte wird auf ein Elektroskop gesteckt und anschließend aufgeladen, sodass das Elektroskop einen Zeigerausschlag zeigt. Anschließend wird die Zinkplatte mit dem Licht einer Quecksilberdampflampe, die einen sehr hohen UV-Anteil besitzt, angestrahlt. In einem weiteren Versuch durchläuft das Licht eine Glasplatte, bevor es auf die Zinkplatte trifft. Man macht folgende Beobachtungen:

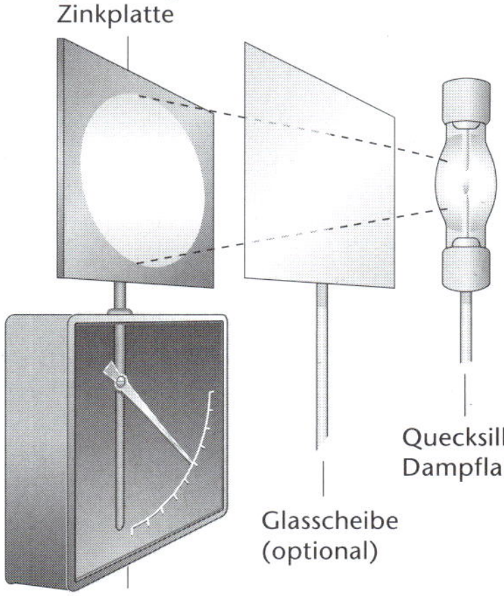

- Ist die Zinkplatte positiv geladen, geschieht nichts.
- Ist die Zinkplatte negativ geladen, beginnt der Zeigerausschlag unmittelbar mit dem Einschalten der Lampe zurückzugehen.

- Wird die Glasplatte in den Lichtkegel gehalten, wird der Rückgang des Zeigerausschlags unterbrochen. Es nutzt dann auch nichts, die Intensität der Lichteinstrahlung zu erhöhen. Erst wenn die Platte entfernt wird, setzt sich der Rückgang des Zeigerausschlags fort.

Deutung der Beobachtungen: Das Licht entlädt die Zinkplatte. Da dies nur bei einer negativ aufgeladenen Platte geschieht, liegt der Schluss nahe, dass durch das Licht Elektronen aus der Platte herausgelöst werden und so der negative Ladungsüberschuss der Platte abgebaut wird. Die Glasplatte lässt kein UV-Licht passieren, daher ist offensichtlich der ultraviolette Anteil des Lichtes für den Effekt verantwortlich, nicht aber die Lichtintensität.
Wir halten fest:

!

Bestrahlt man ein Metall mit Licht ausreichend hoher Frequenz, so werden dabei Elektronen aus der Metalloberfläche herausgelöst.
Diesen Effekt nennt man **Fotoeffekt** oder **lichtelektrischen Effekt.** Er setzt erst oberhalb einer bestimmten Frequenz ein und ist unabhängig von der Lichtintensität.

Zur genaueren quantitativen Analyse des Fotoeffekts setzt man so genannte Fotozellen ein. Sie bestehen aus einem evakuierten Glaskolben, in den eine Metallschicht, meistens aus Cäsium, aufgedampft wurde. Diese wird mit dem positiven Pol einer Spannungsquelle verbunden.

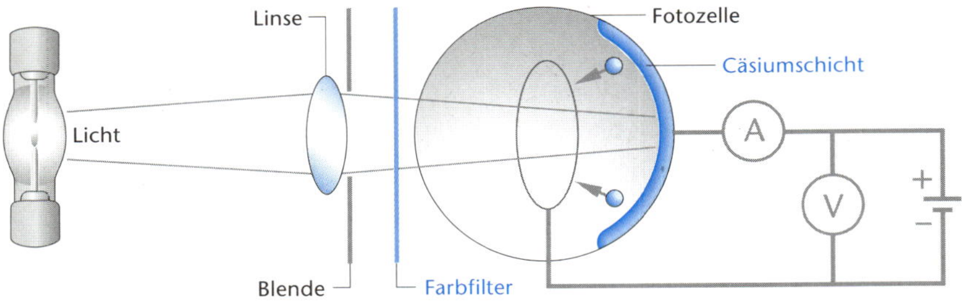

In der Mitte der Fotozelle ist ein Metallring eingelassen, der mit dem negativen Pol der Quelle verbunden wird. Er dient dazu, eine Gegenspannung aufbauen zu können. Fällt Licht der Quecksilberdampflampe auf die Cäsiumschicht, so werden dort Elektronen ausgelöst. Die Elektronen

besitzen unterschiedlich große kinetische Energien und einige davon fliegen in Richtung der Auffangsonde. Liegt keine äußere Spannung an, so herrscht bald an der Cäsiumschicht Elektronenmangel und an dem Ring Elektronenüberschuss. Dies entspricht einer messbaren Spannung. Verbindet man die beiden Anschlüsse, so fließt ein Strom, den man **Fotostrom** nennt. Um die Energie der ausgelösten Elektronen messen zu können, legt man an den Ring eine variable negative Spannung an. Damit wird ein Gegenfeld erzeugt, das den Fotostrom hemmt. Nur die Elektronen mit der größten kinetischen Energie W_{max} können den Ring dann noch erreichen. Die variable Spannung stellt man so ein, dass der von dem Amperemeter gemessene Fotostrom gerade auf null absinkt. Die letzten Elektronen, die den Ring noch erreichen konnten, besaßen dann die maximale kinetische Energie, nämlich: $W_{max} = e \cdot U_{max}$
Die Energie der Elektronen wird dabei meistens in der für die Atomphysik üblichen Einheit Elektronvolt bzw. Elektronenvolt (eV) angegeben.

> Eine Elementarladung erhält die kinetische Energie **1 Elektronenvolt** (1 eV), wenn sie durch eine Spannung von 1 V beschleunigt wurde.
> $1\ \text{eV} = 1{,}602 \cdot 10^{-19}\ \text{J}$ bzw. $1\ \text{J} = 0{,}624 \cdot 10^{19}\ \text{eV}$

Die maximale kinetische Energie der Elektronen wird mithilfe der **Gegenfeldmethode** für verschiedene Wellenlängen vermessen. Die unterschiedlichen Lichtwellenlängen werden dabei durch verschiedene Filter erzeugt, die nur monochromatisches Licht durchlassen. Trägt man die maximale Elektronenenergie in Abhängigkeit von der Frequenz auf, so erhält man das Diagramm rechts, das Ergebnisse für verschiedene Metallschichten wiedergibt.

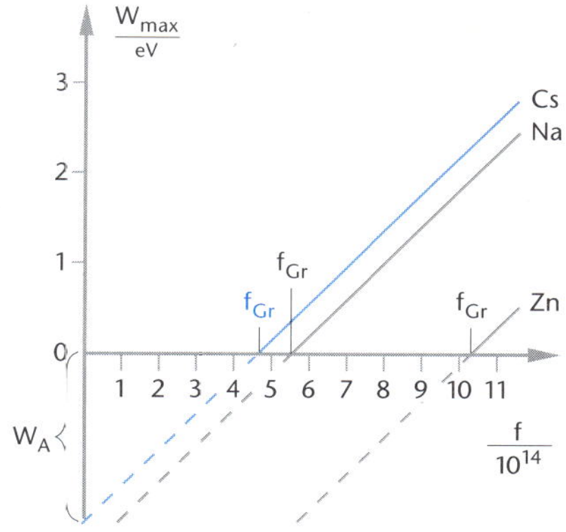

Man erkennt deutlich, dass die für die einzelnen Metalle entstehenden Geraden alle dieselbe Steigung besitzen. Der Effekt setzt

jedoch für jedes Metall bei einer anderen Frequenz ein. Man nennt sie daher auch **Grenzfrequenz f_{Gr}**. Verlängert man die Geraden bis zur Energieachse, so sieht man, dass die Grenzfrequenz einer bestimmten Energie entspricht. Man kann sich vorstellen, dass das auf die Metallschicht treffende Licht eine gewisse Energie mitbringen muss, um das Elektron überhaupt aus dem Atomverband herauslösen zu können. Man nennt diese materialabhängige Energie daher auch **Ablöseenergie W_A**. Ist die Energie des Lichtes größer als W_A, so wird die überschüssige Restenergie dem Elektron als kinetische Energie mitgegeben.
Die Steigung der Geraden in obigem Diagramm ergibt sich rechnerisch durch das Steigungsdreieck.

$$\frac{W_A}{f_{Gr}} = h$$

Dieser Quotient hat den Namen **Planck-Konstante** oder auch **planck-sches Wirkungsquantum h.** Durch Ausmessen der Geradensteigung erhält man:

$$h = 6{,}626 \cdot 10^{-34}\ \mathrm{J\,s}$$

Damit ergibt sich ein wichtiger Zusammenhang zwischen der Energie des Lichtes und seiner Frequenz:

$$W = h \cdot f$$

Diese Energie gibt das Licht beim Fotoeffekt vollständig an die Elektronen der Metallschicht ab. Da zunächst die Ablösearbeit aufgewendet werden muss und nur der darüber hinausgehende Überschuss in kinetische Energie umgewandelt wird, erhält man:

$$h \cdot f = W_A + W_{kin}$$

Die mit der Gegenfeldmethode gemessenen Spannungen ändern sich nicht, wenn man das Licht durch Öffnen der Blende intensiviert. Es werden dann zwar mehr Elektronen aus dem Metall herausgelöst (was man am höheren Fotostrom erkennt), ihre maximale kinetische Energie W_{max} wird jedoch nicht größer, solange die eingestrahlte Frequenz konstant bleibt.

Diese Unabhängigkeit von der Lichtintensität widerspricht der klassischen Physik. Die Intensität entspricht nämlich im Wellenmodell der Amplitude. Mit größeren Amplituden ist aber auch ein größerer Energietransport verbunden (Man denke nur an die Energie von Wasserwellen!), der sich nach der Energieübertragung auf die Elektronen in einer größeren kinetischen Energie der Elektronen äußern müsste. Auch die Abhängigkeit der kinetischen Energie von der Frequenz bleibt im Wellenmodell unverständlich. Die kürzeren Wellenlängen müssten eigentlich nur mehr Elektronen pro Zeiteinheit auslösen (was nicht der Fall ist), ihre Energie würde aber konstant bleiben.
Für diesen Versuch muss man also vom Wellenmodell des Lichtes mit seinem kontinuierlichen Energiefluss Abstand nehmen. Stattdessen stellt man sich vor, dass das Licht Energie in Form von *Energieportionen* der Größe $W = h \cdot f$ überträgt. Man bezeichnet diese Energieportionen auch als **Lichtquanten** oder **Photonen**. Der Faktor h ist dabei sowohl von der verwendeten Frequenz als auch von der Art des Metalls unabhängig. Es handelt sich um eine neue Naturkonstante, die der klassischen Physik unbekannt ist. Ihre Einführung durch Max Planck bildete die Grundlage der so genannten **Quantenphysik.**

2.3 Comptoneffekt

Beim Fotoeffekt wurden aus Metallschichten Elektronen herausgelöst, die im Metall gebunden waren. Der amerikanische Physiker A. Compton stellte sich die Frage, was geschieht, wenn Licht auf freie Elektronen trifft. Dazu bestrahlte er Graphitschichten, bei denen die Elektronen in der Außenschale näherungsweise als frei angesehen werden können, mit Röntgenlicht.
Die Streuung von Licht an freien Teilchen, z. B. Staubpartikeln, ist eigentlich eine Alltagserscheinung. Es ist für uns selbstverständlich, dass das gestreute Licht danach dieselbe Farbe hat wie vorher. Lässt man etwa das rote Licht eines Lasers an Zigarettenrauchpartikeln streuen, so ist das Streulicht natürlich auch rot. Beim oben geschilderten Versuch machte Compton allerdings eine erstaunliche Entdeckung: Das seitlich und rückwärts gestreute Licht hatte eine größere Wellenlänge als das eingestrahlte Licht. Die Vergrößerung der Wellenlänge hing dabei vom Streuwinkel ab.

Auch bei diesem Experiment versagt die Wellentheorie des Lichtes. Hier würde man sich vorstellen, dass die äußeren Graphitelektronen von den Lichtwellen in Resonanzschwingungen versetzt werden. Die schwingenden Elektronen werden so selbst zu Sendern, die dann aber elektromagnetische Wellen exakt mit der Anregungswellenlänge abstrahlen müssten. Die Quantentheorie lässt dagegen eine Deutung der Wellenlängenänderung zu: Wenn ein Röntgenquant auf ein quasi freies Elektron trifft, so überträgt es nur einen Teil seiner Energie auf das Elektron, wobei es auch seine Richtung ändert. Aufgrund der verringerten Energie hat das Lichtquant jetzt wegen $W = h \cdot f$ eine kleinere Frequenz und damit größere Wellenlänge. Im Schaubild ähnelt der Vorgang dem Zusammenstoß zweier Kugeln beim Billard. Danach müsste das Elektron durch den Stoß seinen Platz verlassen und als gestreutes Teilchen nachweisbar sein. Auch diesen experimentellen Nachweis konnte Compton erbringen. Zusätzlich sprach er den Photonen ganz analog zum mechanischen Stoß einen Impuls $p = m \cdot c$ zu. Mithilfe des Impulserhaltungssatzes (die Impulse sind auch im Diagramm verzeichnet) konnte er die Abhängigkeit der Wellenlängenänderung vom Streuwinkel errechnen. Hierfür fand er folgende Gleichung:

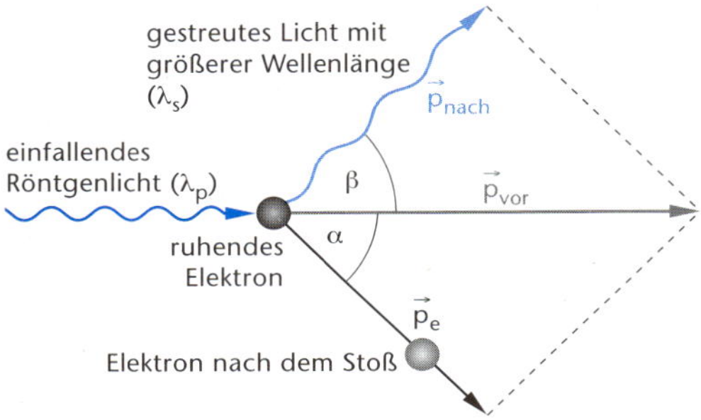

$$\Delta\lambda = \lambda_s - \lambda_p = \lambda_c \cdot (1 - \cos\beta) \quad \text{mit} \quad \lambda_c = \frac{h}{m_e \cdot c}$$

Dabei bezeichnet β den Streuwinkel des Lichtquants. Die Konstante λ_c wird auch als **Compton-Wellenlänge des Elektrons** bezeichnet. Es gilt:

$$\lambda_c = \frac{6{,}626 \cdot 10^{-34}\,\text{J s}}{9{,}109 \cdot 10^{-31}\,\text{kg} \cdot 2{,}997 \cdot 10^{8}\,\frac{\text{m}}{\text{s}}} = 2{,}427 \cdot 10^{-12}\,\text{m}$$

(*Einheiten:* $\frac{\text{J} \cdot \text{s}}{\text{kg} \cdot \frac{\text{m}}{\text{s}}} = \frac{\frac{\text{kg} \cdot \text{m}^2}{\text{s}^2} \cdot \text{s}}{\text{kg} \cdot \frac{\text{m}}{\text{s}}} = \text{m}$)

Der Impuls der Lichtquanten lässt sich mithilfe der von Einstein gefundenen Gleichwertigkeit (Äquivalenz) von Masse und Energie berechnen. Mit $W = m \cdot c^2$ und $W = h \cdot f$ ergibt sich:

$$m = \frac{h \cdot f}{c^2} \quad \Rightarrow \quad p = m \cdot c = \frac{h \cdot f}{c} \quad \Rightarrow \quad p = h \cdot \frac{1}{\lambda}$$

Der Comptoneffekt bestätigt den Energie- und Impulserhaltungssatz auch für die Quantenphysik.

Beim elastischen Stoß ist der Energie- und Impulsübertrag immer dann am größten, wenn beide Stoßpartner etwa die gleiche Masse haben. Der Comptoneffekt sollte also dann besonders gut zu beobachten sein, wenn die mit der einsteinschen Formel berechenbare Masse des Strahlungsquants der Masse des Elektrons entspricht, d. h. wenn gilt:

$$m = \frac{h \cdot f}{c^2} = m_e \quad \Rightarrow \quad f = \frac{m_e \cdot c^2}{h} \quad \Rightarrow \quad \lambda = \frac{c}{f} = \frac{h}{m_e \cdot c} = \lambda_c$$

> **!** Haben im *Teilchenbild* das stoßende Strahlungsquant und das gestoßene Elektron dieselbe Masse, so hat im *Wellenbild* die Primärstrahlung die Compton-Wellenlänge.

Beispiel

Die Beobachtbarkeit des Comptoneffektes hängt ab vom Verhältnis der Wellenlängenänderung zur Primärwellenlänge, also $\frac{\Delta\lambda}{\lambda_P}$.
Berechnen Sie das Verhältnis für Röntgenlicht ($\lambda = \lambda_c$) und für rotes Laserlicht ($\lambda = 670$ nm) und begründen Sie, warum der Comptoneffekt mit sichtbarem Licht nicht nachweisbar ist.

Lösung: Der maximale Wellenlängenunterschied ergibt sich aus der Streuwinkelgleichung für $\beta = 180°$.
Man erhält: $\Delta\lambda = \lambda_C \cdot (1 - \cos 180°) = 2 \cdot \lambda_C$

Für $\lambda_P = \lambda_C$ erhält man: $\frac{\Delta\lambda}{\lambda_P} = \frac{2\lambda_C}{\lambda_C} = 2 = 200\,\%$

Für $\lambda_P = 670$ nm: $\frac{\Delta\lambda}{\lambda_P} = \frac{2\lambda_C}{6{,}7 \cdot 10^{-7}\ \text{m}} = \frac{2{,}427 \cdot 10^{-12}\ \text{m}}{6{,}7 \cdot 10^{-7}\ \text{m}} = 3{,}62 \cdot 10^{-6} \approx 0{,}0004\,\%$

Die Veränderung gegenüber der Primärwellenlänge ist derart gering, dass das gestreute sichtbare Licht nicht von der Primärstrahlung zu unterscheiden ist.

2.4 Welle-Teilchen-Dualismus / Photonen und Elektronen als Quantenobjekte

Das Verhalten von Licht in Interferenzversuchen sowie im Foto- und Comptoneffekt scheint sich auf den ersten Blick zu widersprechen. Während sich das Licht in den Interferenzversuchen wie eine elektromagnetische Welle verhält, hat es beim Foto- und Comptoneffekt deutlichen Teilchencharakter. Es wurde gezeigt, dass das Verhalten beim Fotoeffekt nicht mit der Wellentheorie vereinbar ist. Umgekehrt ist aber das Verhalten in Interferenzversuchen auch nicht mit einem Teilchencharakter des Lichtes erklärbar. Würde man nämlich statt des Lichtes klassische Teilchen, z. B. Farbtröpfchen, auf einen Spalt schießen, so erhielte man bei zwei Einzelspalten zunächst die beiden gestrichelt gezeichneten Maxima hinter den Spalten. Würde man beide Spalte gleichzeitig öffnen, so erhielte man das Gesamtbild durch Addition der beiden Einzelspaltbilder (blauer Intensitätsverlauf). Sie wissen schon, dass beim Versuch mit Licht aber keinesfalls ein solches Einzelmaximum entsteht, sondern dass man ein Interferenzmuster aus hellen und dunklen Streifen beobachten kann.

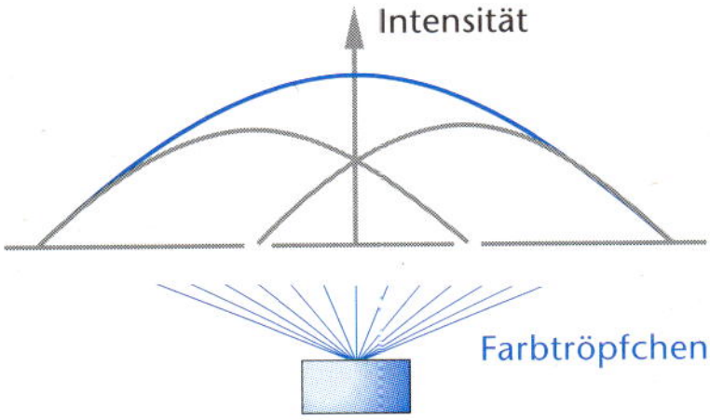

Lange Zeit nannte man dieses unterschiedliche Verhalten in verschiedenen Experimenten **Welle-Teilchen-Dualismus** des Lichtes. Schon Einstein erkannte aber 1905, dass für das Licht die Begriffe Teilchen und Welle keinesfalls unvereinbar sind, sondern dass man lediglich mit den Modellen der makroskopischen Physik dem Charakter der Photonen als Quantenobjekte nicht gerecht werden kann. Versucht man, sie als makroskopische Objekte zu verstehen, so kommt man zwangsläufig zu sich scheinbar widersprechenden Eigenschaften.

Die Beobachtung, dass Quantenobjekte bei der Wechselwirkung mit ihrer Umgebung ganz unterschiedliche Verhaltensweisen zeigen, blieb nicht auf die Photonen beschränkt. Der französische Physiker Louis de Broglie übertrug die Quantentheorie 1924 erstmals auf Elektronen. Er sagte voraus, dass auch Elektronen Welleneigenschaften zeigen können, und schrieb ihnen eine Wellenlänge zu, die De-Broglie-Wellenlänge des Elektrons λ_e genannt wird. Es gilt:

$$\lambda_e = \frac{h}{p} = \frac{h}{m_e \cdot v}$$

Beispiel

Welche Wellenlänge hat ein Elektron, das eine Beschleunigungsspannung von 55 V durchlaufen hat?

Lösung: Wir berechnen zunächst die Geschwindigkeit nach der bekannten Formel:

$$v = \sqrt{2\frac{e}{m}U} = \sqrt{2 \cdot 1{,}759 \cdot 10^{11}\,\frac{C}{kg} \cdot 55\,V} = \sqrt{1{,}935 \cdot 10^{13}\,\frac{m^2}{s^2}} = 4{,}4 \cdot 10^6\,\frac{m}{s}$$

Die Berechnung der De-Broglie-Wellenlänge ergibt dann:

$$\lambda = \frac{h}{m_e \cdot v} = \frac{6{,}626 \cdot 10^{-34}\,J \cdot s}{9{,}109 \cdot 10^{-31}\,kg \cdot 4{,}4 \cdot 10^6\,m\,s^{-1}} = 0{,}165 \cdot 10^{-9}\,m = 0{,}165\,nm$$

(*Einheiten ausführlich:* $\frac{C \cdot V}{kg} = \frac{A \cdot s}{kg} \cdot \frac{kg \cdot m^2}{s^3 \cdot A} = \frac{m^2}{s^2}$

$\frac{J \cdot s}{kg \cdot m \cdot s^{-1}} = \frac{kg \cdot m^2}{s^2} \cdot \frac{s^2}{kg \cdot m} = m$)

VERTIEFUNG

Die experimentelle Bestätigung für den Wellencharakter von Elektronen fanden Davisson und Germer im Jahr 1927. Da die im Beispiel berechnete Wellenlänge des Elektrons im Bereich der Röntgenstrahlung liegt, wiederholten sie mit Elektronenstrahlen ein Beugungsexperiment, das von Laue bereits mit Röntgenstrahlen an Nickelkristallen durchgeführt hatte. Man kann sich vorstellen, dass ein solcher Kristall mit seinen festen Atomabständen im Nanometerbereich wie ein sehr feines (räumliches) Interferenzgitter wirkt. Tatsächlich wurden beim Elektronenstrahlversuch an denselben Stellen Beugungsmaxima gefunden wie zuvor bei der Durchführung mit Röntgenstrahlen.

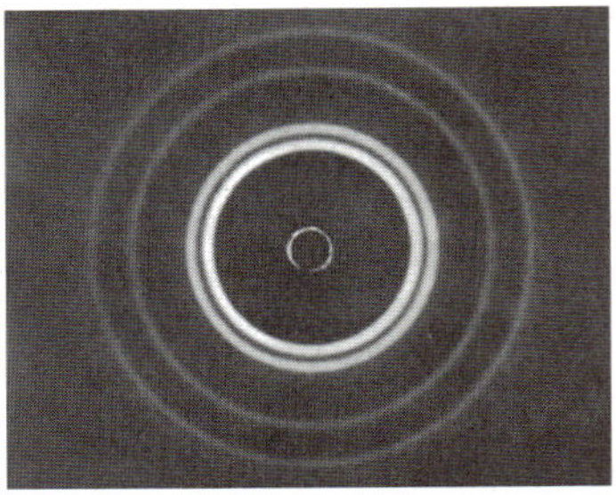

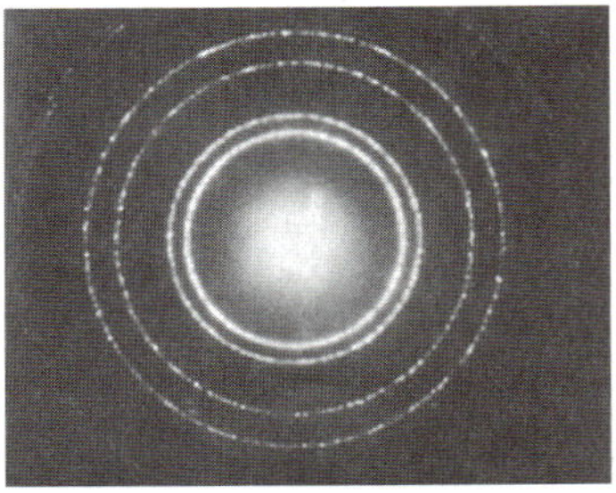

Auch beim Durchstrahlen von dünnen Metallfolien finden sich nahezu identische Interferenzmuster (vgl. Abbildung: Beugung von Röntgenstrahlen – oben – und Elektronenstrahlen – unten – an Aluminiumfolie).

1961 gelang die Durchführung des Doppelspaltversuches mit Elektronen. Hierbei zeigte sich ein zum Doppelspaltversuch mit Licht identisches Interferenzstreifenmuster. Mit diesem Versuch gelang es zudem, die Anzahl der auf den Doppelspalt zufliegenden Elektronen so weit zu verringern, dass man sicher sein konnte, dass sich jeweils nur ein einziges Elektron zwischen Elektronenkanone und Spalt befand. Trotzdem entstand auf einem Film, der die Einschläge der Elektronen hinter dem Doppelspalt registrierte, das bekannte Interferenzmuster, wenn man den Versuch nur lang genug durchführte. Dieses Ergebnis zeigt sehr eindringlich, dass im Bereich der Quantenobjekte die klassischen Vorstellungen von Welle und Teilchen komplett versagen. Die Möglichkeit, dass die Elektronen mit sich selbst interferieren oder gar „wissen", wo sie auf dem Schirm einschlagen müssen, ist klassisch nicht zu deuten.

Man könnte nun versuchen herauszufinden, durch welchen der beiden Spalte das Elektron geflogen ist. Hierbei zeigt sich jedoch ein weiterer Unterschied zwischen Quantenobjekten und klassischen Teilchen. In der klassischen newtonschen Physik kann man für jedes Teilchen Flugbahnen errechnen. Kennt man seinen Aufenthaltsort und seinen Impuls, so kann man die Weiterbewegung des Teilchens vorhersagen. Ganz anders ist dies in der Mikrophysik. Zur Veranschaulichung dient folgendes Gedankenexperiment:
Man lässt Photonen oder Elektronen mit genauer Kenntnis ihres Impulses (die Richtung des Impulsvektors ist vorgegeben, der Betrag ist mit $p = \frac{h}{\lambda}$ leicht berechenbar) auf eine Lochblende zufliegen. Für diese wählt man einen immer kleineren Durchmesser, um den Aufenthaltsort beim Durchfliegen des Loches ebenfalls möglichst exakt bestimmen zu können. Der Lichtfleck hinter dem Loch wird dabei zunächst auch immer kleiner. Sobald der Lochdurchmesser jedoch so klein wird, dass er in den Bereich der Wellenlänge der Photonen bzw. Elektronen gelangt, wird der Fleck auf dem Schirm auf einmal wieder größer und deutlich verschwommener. Es treten jetzt nämlich Beugungserscheinungen auf, die mit weiterer Verkleinerung des Lochdurchmessers immer mehr zunehmen. Dies bedeutet, dass eine immer genauere Information über den Aufenthaltsort x die Informationen über den Impuls immer ungenauer werden lässt, denn die Richtung des Impulsvektors hinter dem Loch ist immer schlechter vorhersagbar, da seine Streuung immer mehr zunimmt. Will man dagegen eine genaue Information über die Richtung des Impulses, so ist dies nur über eine Vergrößerung der Lochöffnung möglich, was wiederum die exakte Ortsinformation zerstört. Dieser Zusammenhang zwischen der Ortsunschärfe Δx und der Impulsunschärfe Δp wurde nach seinem Entdecker **heisenbergsche Unschärferelation** genannt. Heisenberg stellte fest:

Ort und **Impuls** eines Teilchens kann man **nicht gleichzeitig beliebig genau** angeben. Für das Produkt aus der Unschärfe der Ortsangabe Δx und der Unschärfe des Impulswertes Δp gilt:

$$\Delta x \cdot \Delta p \geq \frac{h}{4\pi}$$

Beispiel

Jeder Fernsehtechniker spricht von Elektronenbahnen innerhalb einer Fernsehröhre und auch im ersten Band der Duden Abiturhilfen Physik wurde die Parabelbahn eines Elektrons im elektrischen Feld berechnet. Nach der heisenbergschen Unschärferelation ist der Begriff der „Bahn“ für ein Elektron jedoch eigentlich physikalisch unsinnig.
Zeigen Sie, dass man in den angeführten Beispielen, in denen die Elektronen durch Spannungen von ca. 10 kV beschleunigt werden, nur einen unbedeutenden Fehler macht.

Lösung: Es gilt: $v = \sqrt{2 \cdot \frac{e}{m} \cdot U} = \sqrt{2 \cdot 1{,}759 \cdot 10^{11} \frac{C}{kg} \cdot 10^5\,V} = 1{,}876 \cdot 10^8 \frac{m}{s}$

Für den Impuls erhält man:

$$p = m \cdot v = 9{,}109 \cdot 10^{-31}\,kg \cdot 1{,}876 \cdot 10^8 \frac{m}{s} = 1{,}709 \cdot 10^{-22} \frac{kg \cdot m}{s}$$

Die Ortsunschärfe ergibt damit:

$$\Delta x \geq \frac{h}{4\pi \cdot \Delta p} = \frac{6{,}626 \cdot 10^{-34}\,J\,s}{4\pi \cdot 1{,}709 \cdot 10^{-22} \frac{kg \cdot m}{s}} = 3{,}09 \cdot 10^{-13}\,m$$

Dieser Wert liegt deutlich unterhalb eines Atomdurchmessers und kann daher für obige Beispiele problemlos vernachlässigt werden.

Heute weiß man, dass nicht nur Photonen und Elektronen Quantenobjekte sind. Seit Mitte des letzten Jahrhunderts wurden Interferenzexperimente auch mit Atomen, Ionen und Neutronen vorgenommen. In allen Fällen zeigte sich stets die Bestätigung der Materiewellentheorie von de Broglie.
Max Born gelang 1927 eine Deutung des Zusammenhangs zwischen Wellen- und Teilchentheorie. Er stellte einen Zusammenhang her zwischen den Amplituden der De-Broglie-Welle und der Aufenthaltswahrscheinlichkeit des Teilchens:

> Bei Materiewellen ist das **Quadrat der Amplitude** proportional zur Wahrscheinlichkeit, das Quantenobjekt in einem bestimmten Raumbereich anzutreffen. Man spricht daher auch von **Wahrscheinlichkeitswellen** und **Wahrscheinlichkeitsamplituden.**

Die Quantentheorie ist damit ein rein mathematisches Modell von der Welt der kleinsten Teilchen geworden, das sich nur sehr unvollständig (und fehlerhaft) in Analogien aus der klassischen Physik beschreiben lässt. Sie gehört zu den leistungsfähigsten und am besten experimentell gesicherten Theorien und es gibt bislang kein einziges einschlägiges Experiment, das nicht zu einer Bestätigung dieser Theorie beigetragen hätte.

2.5 Musteraufgaben zu den Themen des Kapitels

Aufgabe 1:

Im Spektrum des Lichtes einer Quecksilberdampflampe sind die Linien mit den Wellenlängen $\lambda_1 = 5{,}78 \cdot 10^{-7}$ m (gelb) und $\lambda_2 = 4{,}36 \cdot 10^{-7}$ m (blau) besonders stark vertreten. Dieses Licht fällt senkrecht auf ein optisches Strichgitter mit 350 Spalten je cm.

1.1 Für die Beugung der beiden Linien am Gitter gilt die Formel:

$$\lambda = \frac{d_n \cdot g}{n \cdot b}$$

Leiten Sie diese Formel anhand einer Skizze her und begründen Sie, warum es sich genau genommen um eine Näherungsformel handelt.

1.2 Welche Ordnung n hat diejenige gelbe Linie, die mit der blauen Linie der Ordnung (n+1) praktisch zusammenfällt?

1.3 Welcher Beugungswinkel α liegt für diese Linie vor?

1.4 Hinter dem Gitter befindet sich in der Entfernung $b = 2{,}25$ m ein Schirm, auf dem die Linien beobachtet werden können. In welchem Abstand von der Symmetrieachse der Beugungsfigur befindet sich die unter 1.2 betrachtete gelbe bzw. blaue Linie?
Bestimmen Sie auch die Abstände der jeweils benachbarten Linien.

1.5 Zeichnen Sie die Orte der Interferenzmaxima aus 1.4 in ein Diagramm ein.
1.6 Wie würde sich das Bild des Spektrums verändern, wenn man statt des Gitters lediglich einen Doppelspalt verwendet, der aber denselben Spaltabstand wie das Gitter hat?
1.7 Kann man durch Veränderung des Versuchsaufbaus (z. B. Gitterkonstante, Spaltbreite, Schirmabstand, Abstand Lampe–Gitter) ein Zusammenfallen der blauen und gelben Linie verhindern? Begründen Sie Ihre Meinung!

Aufgabe 2:

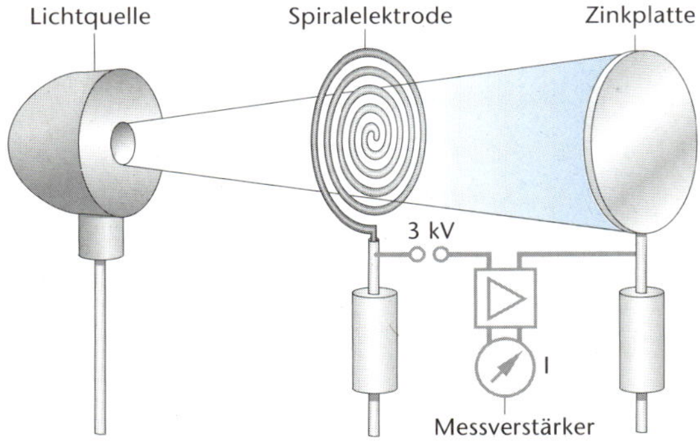

Eine Zinkplatte wird mit dem Licht verschiedener Lichtquellen bestrahlt. Zwischen Platte und Lichtquelle befindet sich eine (lichtdurchlässige) Spiralelektrode. Zwischen dieser Elektrode und der Zinkplatte liegt eine hohe Spannung an. Ein Messverstärker mit angeschlossenem Amperemeter registriert mögliche Stromflüsse zwischen Zinkplatte und Elektrode.

2.1 Beschreiben und begründen Sie die Beobachtungen bei folgenden Teilversuchen:
   a) Die Platte wird mit einer gewöhnlichen Glühbirne bestrahlt.
   b) Die Platte wird mit einer Quecksilberdampflampe bestrahlt und die Spiralelektrode ist negativ geladen.
   c) Die Quecksilberdampflampe bleibt erhalten, die Polung der Spannung wird umgedreht.
   d) Die Lichtintensität auf der Platte wird erhöht, indem man die Lampe näher an die Zinkplatte heranstellt.

e) In den Strahlengang der Quecksilberdampflampe wird eine Glasplatte gehalten.
f) In den Strahlengang der Quecksilberdampflampe wird ein UV-Filter gehalten, der nur ultraviolettes Licht passieren lässt.

2.2 Warum kann der lichtelektrische Effekt nicht mithilfe des Wellenmodells des Lichtes erklärt werden? Welche auftretenden Effekte sprechen gegen diese Modellvorstellung?

2.3 Auf eine Fotozelle fällt Licht mit der Wellenlänge $\lambda = 435$ nm. Mithilfe der Gegenfeldmethode werden alle austretenden Elektronen bei einer Gegenspannung von 0,82 V auf die Geschwindigkeit null abgebremst. Berechnen Sie die Ablösearbeit für die Elektronen sowie die Grenzfrequenz des Kathodenmaterials. Welches Metall wurde benutzt? (Diagramm aus Kapitel 2.2 verwenden!)

2.4 Könnte man bei diesem Kathodenmaterial den Fotoeffekt auch mit Licht der Wellenlänge $\lambda = 700$ nm auslösen? Begründen Sie Ihre Meinung.

2.5 Bei der verwendeten Wellenlänge haben die ausgelösten Elektronen eine kinetische Energie von 0,82 eV. Welche Wellenlänge müsste eine Strahlung haben, damit die Elektronen doppelt so hohe Energie haben?

2.6 Lösungen

Aufgabe 1:

1.1 Bei den sichtbaren Linien handelt es sich um Maxima. Für diese wurde im Kapitel 2.1 bereits ausführlich anhand einer Skizze die Beziehung $d_n = \frac{n \cdot \lambda \cdot b}{g}$ hergeleitet. Umstellen der Formel nach λ liefert das gewünschte Ergebnis. Die Formel stellt eine Näherung dar, da bei der Herleitung $\sin\alpha = \tan\alpha$ verwendet wurde, was nur für sehr kleine Winkel und auch dann nur näherungsweise gilt. Insbesondere bei großen Gitterkonstanten treten jedoch auch deutlich größere Ablenkungswinkel auf!

1.2 In der Beugungsformel ist d_n der Abstand des Maximums von der Symmetrieachse. Dieser Abstand soll für beide betrachtete Linien etwa gleich sein. Man kann also gleichsetzen:

$$\frac{n \cdot \lambda_1 \cdot b}{g} = \frac{(n+1) \cdot \lambda_2 \cdot b}{g} \Rightarrow n \cdot \lambda_1 = (n+1) \cdot \lambda_2 \Rightarrow n \cdot \lambda_1 = n \cdot \lambda_2 + \lambda_2$$

$$\Rightarrow n = \frac{\lambda_2}{\lambda_1 - \lambda_2} = \frac{4{,}36 \cdot 10^{-7}\ \text{m}}{1{,}42 \cdot 10^{-7}\ \text{m}} = 3{,}07 \approx 3$$

Das gelbe Maximum 3. Ordnung fällt also fast genau mit dem blauen Maximum 4. Ordnung zusammen.

1.3 Es gilt: $\sin\alpha = \frac{\Delta s}{g} = \frac{n \cdot \lambda}{g}$

Für g erhält man hier: $g = \frac{1\ \text{cm}}{350} = 0{,}00286\ \text{cm} = 0{,}000029\ \text{m}$

Einsetzen liefert: $\sin\alpha = \frac{n \cdot \lambda}{g} = \frac{3 \cdot 5{,}78 \cdot 10^{-7}\ \text{m}}{2{,}9 \cdot 10^{-5}\ \text{m}} = 0{,}0598$

$\Rightarrow \alpha = 3{,}43°$

1.4 Es gilt: $d_n = \frac{n \cdot \lambda \cdot b}{g}$

Mit den gegebenen Größen b = 2,25 m und g = 0,000029 m erhält man:

Ordnung	d_n für die gelben Linien mit $\lambda = 5{,}78 \cdot 10^{-7}$ m	d_n für die blauen Linien mit $\lambda = 4{,}36 \cdot 10^{-7}$ m
1	4,48 cm	3,38 cm
2	8,97 cm	6,77 cm
3	13,45 cm	10,15 cm
4	17,94 cm	13,53 cm
5	22,42 cm	16,91 cm

1.5 Für die Zeichnung benötigt man das Blatt im Querformat. Wenn man das Maximum 0. Ordnung (also die Symmetrieachse) in der Mitte anordnet, kann man die gelben und blauen Linien bis zu ihrem gemeinsamen Maximum nach rechts und links mit den berechneten Abständen aus der Tabelle einzeichnen.

1.6 Die Beugungsmaxima liegen an derselben Stelle. Sie werden jedoch deutlich lichtschwächer und unschärfer ausfallen.

1.7 Das Zusammenfallen der beiden Linien resultiert aus der in 1.2 hergeleiteten Beziehung $n \cdot \lambda_1 = (n + 1) \cdot \lambda_2$. In dieser Gleichung sind keine Versuchsparameter mehr enthalten. Daher lässt sich das Zusammenfallen der Linien auch nicht verhindern.

Aufgabe 2:

2.1 a) Es ist nichts zu beobachten, da die Grenzfrequenz von Zink bei ca. 10^{14} Hz und damit im ultravioletten Bereich liegt. Der UV-Anteil einer gewöhnlichen Glühlampe ist aber äußerst niedrig.

b) Es ist wieder nichts zu beobachten. Das Licht der Quecksilberdampflampe enthält zwar die erforderlichen Frequenzen, jetzt verhindert jedoch die positive Spannung an der Zinkplatte ein Austreten von Elektronen.

c) Der Messverstärker registriert jetzt einen Stromfluss zwischen Zinkplatte und Elektrode. Das elektrische Feld zwischen Platte und Elektrode lässt die ausgelösten Elektronen zur Elektrode wandern.

d) Der Messverstärker misst eine deutlich erhöhte Stromstärke. Zwar hat die angestiegene Intensität keinen Einfluss auf die kinetische Energie der Elektronen, die Anzahl der Auslösungen wird jedoch mit steigender Intensität größer.

e) Der Stromfluss geht auf null zurück, da die Glasplatte für UV-Strahlung undurchlässig ist und somit das an der Zinkplatte ankommende Licht unterhalb der Grenzfrequenz liegt.

f) Die Beobachtungen sind analog zum Teilversuch c), da für den lichtelektrischen Effekt bei diesem Material ohnehin nur die Frequenzen oberhalb der UV-Grenzfrequenz verantwortlich sind.

2.2 Folgende Beobachtungen sprechen gegen das Wellenmodell:

- Der Effekt setzt sofort ein, ohne dass „Energie angesammelt" wird.
- Die kinetische Energie der ausgelösten Elektronen ist nicht von der Intensität der Strahlung abhängig, dafür aber von der Lichtfrequenz.

Der Intensität entspricht im Wellenmodell die Amplitude. Mit größeren Amplituden ist aber auch ein größerer Energietransport verbunden, der sich nach der Energieübertragung in einer größeren kinetischen Energie der Elektronen äußern müsste. Auch die Abhängigkeit von der Frequenz bleibt im Wellenmodell unverständlich. Die kürzeren Wellenlängen dürften eigentlich nur mehr Elektronen pro Zeiteinheit auslösen, ihre Energie müsste aber konstant bleiben.

2.3 Für den Fotoeffekt gilt die Beziehung:

$$h \cdot f = W_A + W_{kin} \Rightarrow W_A = h \cdot f - W_{kin} = \frac{h \cdot c}{\lambda} - W_{kin}$$

Die kinetische Energie der Elektronen ergibt sich aus der Beziehung:

$$W_{kin} = U \cdot Q = U \cdot e = 0{,}82\ \text{eV}$$

Einsetzen liefert:

$$W_A = 6{,}626 \cdot 10^{-34}\ \text{J s} \cdot \frac{2{,}997 \cdot 10^{8}\ \frac{\text{m}}{\text{s}}}{435 \cdot 10^{-9}\ \text{m}} - 0{,}82\ \text{eV} = 4{,}565 \cdot 10^{-19}\ \text{J} - 0{,}82\ \text{eV}$$

$$\Rightarrow W_A = 4{,}565 \cdot 10^{-19} \cdot 6{,}241 \cdot 10^{18}\ \text{eV} - 0{,}82\ \text{eV} = 2{,}029\ \text{eV}$$

Diese Ablösearbeit hat das Element Cäsium, wie man dem y-Achsenabschnitt der Geraden in der Grafik entnehmen kann.

Die Grenzfrequenz ergibt sich aus:

$$f_{Gr} = \frac{W_A}{h} = \frac{3{,}25 \cdot 10^{-19}\ \text{J}}{6{,}626 \cdot 10^{-34}\ \text{J} \cdot \text{s}} = 4{,}905 \cdot 10^{14}\ \frac{1}{\text{s}}$$

Bei diesem Aufgabentyp entstehen viele Fehler durch die fehlende Umrechnung der Energieeinheiten. Achten Sie vor der Angabe des Endergebnisses darauf, dass Sie **alle Energien in derselben Einheit** (eV *oder* J) eingesetzt haben!
Beachten Sie insbesondere beim Rechnen in eV, dass die plancksche Konstante h in der Einheit **J**·s angegeben wird!

Es gilt: $1\ \text{eV} = 1{,}602 \cdot 10^{-19}\ \text{J}$ und $1\ \text{J} = 6{,}242 \cdot 10^{18}\ \text{eV}$

2.4 Die in 2.3 berechnete Grenzfrequenz $f_{Gr} = 4{,}905 \cdot 10^{14}\ \text{Hz}$ entspricht einer Wellenlänge von:

$$\lambda_{Gr} = \frac{c}{f_{Gr}} = \frac{2{,}997 \cdot 10^{8}\ \frac{\text{m}}{\text{s}}}{4{,}905 \cdot 10^{14}\ \frac{1}{\text{s}}} = 6{,}1 \cdot 10^{-7}\ \text{m} = 610\ \text{nm}$$

Nur mit noch größeren Frequenzen bzw. *kleineren* Wellenlängen lassen sich Elektronen aus dem Metall herauslösen. Bei einer Wellenlänge von 700 nm ist dies also nicht möglich.

2.5 Die Elektronenenergie entspricht der kinetischen Energie, während die Ablösearbeit konstant bleibt.
Es gilt also:

$$W_{kin} = h \cdot f - W_A = 2 \cdot 0{,}82\ \text{eV} = 1{,}64\ \text{eV} = 2{,}627 \cdot 10^{-19}\ \text{J}$$

$$f = \frac{W_{kin} + W_A}{h} = \frac{2{,}627 \cdot 10^{-19}\ \text{J} + 3{,}25 \cdot 10^{-19}\ \text{J}}{6{,}626 \cdot 10^{-34}\ \text{J s}} = 8{,}87 \cdot 10^{14}\ \text{Hz}$$

Die Umrechnung zur Wellenlänge ergibt:

$$\lambda = \frac{c}{f_{Gr}} = \frac{2{,}997 \cdot 10^{8}\ \frac{\text{m}}{\text{s}}}{8{,}87 \cdot 10^{14}\ \frac{1}{\text{s}}} = 3{,}379 \cdot 10^{-7}\ \text{m} = 338\ \text{nm}$$

Es handelt sich um UV-Strahlung.

Atom- und Kernphysik

3.1 Historische Entwicklung der Atommodelle

Schon im antiken Griechenland war man der Ansicht, dass die Materie aus kleinsten, nicht mehr spaltbaren Teilchen zusammengesetzt sei. Das griechische Wort „atomos" bedeutet *unteilbar*. Seitdem entstanden verschiedenste Vorstellungen vom Aussehen dieser kleinsten Bauteile der Materie. Da Atome nicht sichtbar sind, sollen Atom**modelle** möglichst umfassend alle Beobachtungen aus diversen Naturerscheinungen und Experimenten erklären können. Die Entwicklung der Atommodelle folgte daher auch immer der Entwicklung des physikalischen Kenntnisstandes.
Noch um 1800 stellte sich **Dalton** Atome als kleine, gleichmäßig mit Materie gefüllte, vollkommen elastische Kugeln vor. Mit diesem extrem vereinfachten Teilchenmodell waren bereits eine ganze Reihe von einfachen physikalischen Sachverhalten deutbar, z. B. die Aggregatzustände, die Atomgewichte oder auch eine Reihe chemischer Eigenschaften. Erst mit der Entdeckung der Elektrizität und der Elektronen kam man mit diesem Modell in Erklärungsnöte.
J. J. Thomson modifizierte daher im Jahre 1897 das Daltonmodell. Er beschrieb Atome als eine positiv geladene Atommasse, in der die negativ geladenen Elektronen „wie Rosinen in einem Kuchen" gleichmäßig verteilt sind. Das Atom wird von elektrostatischen Kräften zusammengehalten. Mit diesem Modell war man in der Lage, fast alle bis dahin bekannten Phänomene und auch die neuartigen Elektrizitätserscheinungen zu deuten. Das Modell versagte jedoch bei der Frage nach der Ursache von Lichtemission aus Atomen. Thomson versuchte zwar eine Deutung mithilfe von Schwingungen im Atom, sie misslang jedoch bei der Berechnung von Spektrallinien.
Lennard konstruierte 1894 eine Entladungsröhre, in der eine Aluminiumfolie mit Elektronen beschossen werden konnte. 1904 beobachtete er mit seiner Anordnung, dass fast alle Elektronen die Folie ungehindert durchdrangen, ohne dass sich ihre Flugbahn wesentlich veränderte. Er schloss daraus, dass ein sehr großer Teil der Atome aus leerem Raum bestehen muss. Auch dies widersprach dem Thomsonmodell grundlegend.

Rutherford führte Lennards Experiment weiter und beschoss in seinem historischen Streuexperiment aus dem Jahre 1911 dünne Goldfolien mit zweifach positiven Heliumionen (α-Teilchen). Er erwartete wie Lennard, dass alle Teilchen ungehindert die Atomlagen der Folie ohne Ablenkung durchdringen würden. Er machte aber folgende Beobachtungen:

- Die meisten Teilchen passieren die Goldfolie ohne Bahnabweichungen, was die großen Leerräume im Atom bestätigt. Es werden jedoch auch einige von ihrer ursprünglichen Bahn abgelenkt, teilweise sogar zurückreflektiert. Rutherford schloss daraus auf positive Ladungen, die die α-Teilchen abstoßen.
- Aus den Ablenkungswinkeln konnte Rutherford mithilfe der Coulombkraft errechnen, dass die positive Ladung des Atoms auf einen sehr kleinen Raum zusammengedrängt sein musste.
- Da die α-Teilchen ihre kinetische Energie nur wenig verringern, muss die Masse der positiven Atomladung groß gegenüber der Masse der α-Teilchen sein.

Aus diesen Erkenntnissen entwickelte Rutherford sein Atommodell: Im Zentrum des Atoms befindet sich ein positiv geladener Atomkern, der fast die gesamte Masse des Atoms enthält. Um den Atomkern kreisen negativ geladene Elektronen, die in ihrer Gesamtheit die Atomhülle bilden. Die Elektronen sorgen für den Ladungsausgleich und lassen das Atom nach außen neutral erscheinen. Sie bewegen sich auf Kreis- oder Ellipsenbahnen, damit die zwischen Elektronen und Kern herrschende elektrostatische Anziehungskraft durch die Zentrifugalkraft der Kreisbewegung ausgeglichen werden kann. Der größte Teil des Atoms besteht aus leerem Raum. Rutherford konnte zur Bestätigung dieser These bereits Größenordnungen für Kern und Hülle berechnen, die auch moderne Messungen bestätigen:

> **!** Der Atomkern hat einen Durchmesser von etwa 10^{-14} m.
> Der Durchmesser der Atomhülle beträgt etwa 10^{-10} m.

Obwohl Rutherfords Modell die Streuversuche gut zu erklären vermochte, traten bei diesem Modell schnell einige unlösbare Probleme auf: Ein kreisendes Elektron strahlt aufgrund seiner ständigen Beschleunigung ähnlich einem schwingenden Elektron permanent elektromagnetische Energie ab (vgl. hertzscher Dipol, Kap. 1.4). Durch diesen Energieverlust würde sich die Geschwindigkeit des Elektrons verringern. Aufgrund der damit auch permanent abnehmenden Zentrifugalkraft müsste das Elektron schon nach sehr kurzer Zeit (ca. 10^{-6} s) auf einer Spiralbahn in den Kern stürzen. Die Stabilität der Atome bleibt damit unerklärt. Ferner konnte Rutherford, ähnlich wie Thomson, mit seinem Modell die Lichtspektren der Atome nicht erklären.

3.2 Das Atommodell von Bohr und die Linienspektren

Der dänische Physiker **Niels Bohr** führte in seinem 1913 vorgestellten Modell die rutherfordschen Grundvorstellungen weiter und verband sie mit der gerade aufkommenden Quantentheorie. Aufgrund der von Einstein vorgestellten Lichtquantentheorie nahm Bohr an, dass auch im Atom bestimmte Energiestufen vorliegen müssen. Dies bedeutete aber gleichzeitig, dass sich die Elektronen nur auf ganz bestimmten, festgelegten Bahnen um den Kern bewegen und nicht, wie bei Rutherford, beliebige Bahnradien einnehmen können. Ein Elektron im radialsymmetrischen Feld des Atomkerns hätte dann je nach seiner Entfernung vom Kern eine ganz bestimmte Energie (Summe aus potenzieller und kinetischer Energie). Grundlage für das bohrsche Atommodell sind zwei Postulate:

Erstes bohrsches Postulat:
Die Elektronen der Atomhülle können nur ganz bestimmte **diskrete Energiestufen** annehmen. Im Modell des Atoms entsprechen diese Energiestufen ganz bestimmten diskreten Bahnen. Auf diesen Quantenbahnen bewegt sich das Elektron strahlungsfrei!
Für die Bahnen gilt die **Quantenbedingung:**

$$2\pi r_n \cdot m_e v_n = n \cdot h; \quad n = 1, 2, \ldots$$

Das Produkt aus dem Umfang der Kreisbahn $2\pi \cdot r$ und dem Impuls $m \cdot v$ des Elektrons ist also ein ganzzahliges Vielfaches des planckschen Wirkungsquantums h. Die Zahl n wird auch **Hauptquantenzahl** genannt.

Zweites bohrsches Postulat:
Elektronen können von einer Quantenbahn zur anderen wechseln. Für einen **Quantensprung** von der Energiestufe W_1 zur höheren Energiestufe W_2 (= größerer Radius) muss ein **Strahlungsquant** der Größe $h \cdot f = W_2 - W_1$ **absorbiert** werden.
Fällt ein Elektron von diesem **angeregten Zustand** wieder zurück, so wird dieselbe Strahlungsenergie wieder **emittiert.**

Damit löste Bohr die beiden Probleme des rutherfordschen Modells:

- Die Elektronen stürzen nicht auf einer Spiralbahn in den Kern, da sie dabei kontinuierlich Energie abgeben müssten. Eine kontinuierliche Energieabgabe ist aber im Atom nicht möglich; es sind nur die diskreten Quantensprünge erlaubt.
- Die von den Atomen ausgesandten diskreten Linienspektren entstehen beim Zurückfallen angeregter Elektronen auf tiefer liegende Quantenbahnen. Die dabei frei werdende Energie gibt das Atom in Form von Strahlung mit der diskreten Wellenlänge $\lambda = \frac{h \cdot c}{W_2 - W_1}$ ab.

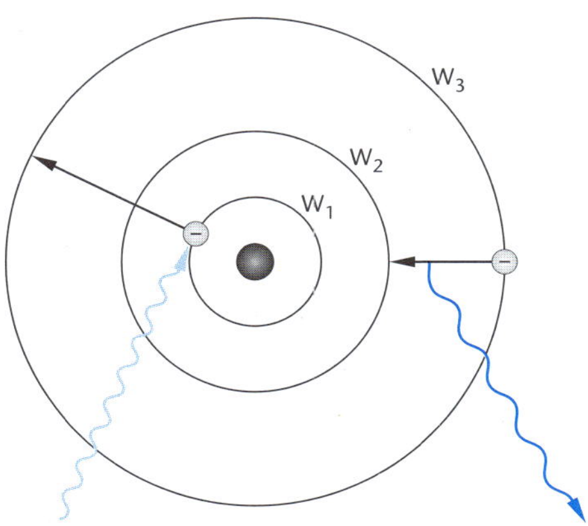

absorbiertes Strahlungsquant
$h \cdot f = W_3 - W_1$

emittiertes Strahlungsquant
$h \cdot f = W_3 - W_2$

Linienspektren des Wasserstoffatoms

Das bohrsche Modell erwies sich als besonders leistungsfähig bei der Berechnung des **Linienspektrums** von Wasserstoffatomen. Um die emittierten Frequenzen bzw. Wellenlängen angeben zu können, muss man zunächst die Energie der Elektronen auf den einzelnen Quantenbahnen kennen. Diese setzt sich aus potenzieller und kinetischer Energie zusammen.

Für die Berechnung der kinetischen Energie wird zunächst die Bahngeschwindigkeit der Elektronen benötigt. Man erhält sie, wie bei der Kreisbewegung, durch Gleichsetzen der auftretenden Kräfte. Hier wirkt zunächst die Coulombkraft auf die Elektronen. Die felderzeugende Ladung besteht beim Wasserstoff aus dem Proton im Kern mit der Ladung +e, während das Elektron die Probeladung mit der Ladung –e darstellt. Man erhält:

$$F_{el} = \frac{1}{4\pi \cdot \varepsilon_0} \cdot \frac{Q_1 \cdot Q_2}{r^2} = -\frac{1}{4\pi \cdot \varepsilon_0} \cdot \frac{e^2}{r^2}$$

Für die Elektronen auf den Quantenbahnen muss die Coulombkraft gleich der Zentrifugalkraft sein. Es ergibt sich:

$$F_{el} = F_z \quad \Rightarrow \quad -\frac{1}{4\pi \cdot \varepsilon_0} \cdot \frac{e^2}{r^2} = \frac{m_e \cdot v^2}{r} \quad \Rightarrow \quad r = -\frac{1}{4\pi \cdot \varepsilon_0} \cdot \frac{e^2}{m_e \cdot v^2}$$

Diese Bedingung galt auch schon im rutherfordschen Atommodell. Wir müssen ferner die Quantenbedingung der Bahnen berücksichtigen:

$$2\pi \cdot r \cdot m_e \cdot v = n \cdot h \quad \Rightarrow \quad r = \frac{n \cdot h}{2\pi \cdot v \cdot m_e}$$

Gleichsetzen liefert: $v = -\frac{e^2}{2 \cdot \varepsilon_0 \cdot h} \cdot \frac{1}{n}$

Die Bahngeschwindigkeit ist also zur Hauptquantenzahl umgekehrt proportional. Die kinetische Energie lässt sich jetzt errechnen:

$$W_{kin} = \frac{1}{2} \cdot m_e \cdot v^2 = \frac{m_e \cdot e^4}{8 \cdot \varepsilon_0^2 \cdot h^2} \cdot \frac{1}{n^2}$$

Die potenzielle Energie ergibt sich wiederum aus dem Coulombgesetz:

$$F = -\frac{1}{4\pi \cdot \varepsilon_0} \cdot \frac{e^2}{r^2}$$

Für die Energieberechnung darf man jetzt allerdings nicht einfach die Formel $W = F \cdot s = F \cdot r$ benutzen, da die Kraft entlang des Weges (hier: des Radius) nicht konstant ist. Hier hilft nur die Integralrechnung weiter, deren Ergebnis lautet:

$$W_{pot} = \int F\,dr = \frac{1}{4\pi \cdot \varepsilon_0} \cdot \frac{e^2}{r}$$

Auch hier müssen die oben schon hergeleiteten Quantenbedingungen eingesetzt werden.

Zuerst für r: $W_{pot} = \frac{1}{4\pi \cdot \varepsilon_0} \cdot e^2 \cdot \frac{2\pi \cdot m_e \cdot v}{n \cdot h} = \frac{1}{2 \cdot \varepsilon_0} \cdot \frac{e^2 \cdot m_e}{n \cdot h} \cdot v$

Dann für v: $W_{pot} = -\frac{1}{2 \cdot \varepsilon_0} \cdot \frac{e^2 \cdot m_e}{n \cdot h} \cdot \frac{e^2}{2 \cdot \varepsilon_0 \cdot h} \cdot \frac{1}{n} = -\frac{m_e \cdot e^4}{4 \cdot \varepsilon_0^2 \cdot h^2} \cdot \frac{1}{n^2}$

Die potenzielle Energie ist also genau doppelt so groß wie die kinetische Energie. Für die Gesamtenergie der Quantenbahnen im Wasserstoffatom erhält man jetzt:

$$W_n = W_{kin} + W_{pot} = -\frac{m_e \cdot e^4}{8 \cdot \varepsilon_0^2 \cdot h^2} \cdot \frac{1}{n^2} = (-13{,}6\ \text{eV}) \cdot \frac{1}{n^2}$$

Das negative Vorzeichen bringt zum Ausdruck, dass man dem Elektron Energie *zuführen* muss, um es aus dem Anziehungsbereich des Kerns zu entfernen.
Die Spektrallinien sind Übergänge zwischen zwei Energieniveaus. Für die Frequenzen dieser Strahlung ergibt sich:

$$h \cdot f = W_2 - W_1 \Rightarrow f = \frac{\Delta W}{h} = \frac{m_e \cdot e^4}{8 \cdot \varepsilon_0 \cdot h^3} \cdot \left(\frac{1}{n_1^2} - \frac{1}{n_2^2}\right)$$

Mit $\frac{1}{\lambda} = \frac{f}{c}$ und $R = \frac{m_e e^4}{8 \cdot \varepsilon_0^2 \cdot h^3 \cdot c} = 1{,}097 \cdot 10^7 \frac{1}{m}$ **(Rydberg-Konstante)**

erhält man als Endergebnis:

!

Für die Wellenlängen der Linien des Wasserstoffspektrums gilt:

$$\frac{1}{\lambda} = R \cdot \left(\frac{1}{n_1^2} - \frac{1}{n_2^2}\right)$$

Beispiel 1

Welche Umlaufzeit hat ein Elektron auf der n-ten Quantenbahn?

Lösung: Für die Umlaufdauer gilt:

$$T_n = \frac{\text{Bahnumfang}}{\text{Bahngeschwindigkeit}} = \frac{2\pi r}{v} = \frac{2\pi \cdot \frac{n \cdot h}{2\pi \cdot v \cdot m_e}}{v} = \frac{n \cdot h}{m_e \cdot v^2}$$

Für das Quadrat der Bahngeschwindigkeit erhält man aus der Formel für die kinetische Energie:

$$v^2 = \frac{e^4}{4 \cdot \varepsilon_0^2 \cdot h^2} \cdot \frac{1}{n^2}$$

Einsetzen liefert: $T_n = \frac{n \cdot h}{m_e} \cdot \frac{4 \cdot \varepsilon_0^2 \cdot h^2 \cdot n^2}{e^4} = \frac{4 \cdot \varepsilon_0^2 \cdot h^3}{m_e \cdot e^4} \cdot n^3$

Für die innerste Bahn ($n = 1$) ergibt sich durch Einsetzen der Konstanten ein Wert von $T = 1{,}53 \cdot 10^{-16}$ s.

Beispiel 2

Kann ein Wasserstoffatom im Grundzustand Photonen mit einer Energie von 11,3 eV absorbieren?

Lösung: Die Absorption eines Photons kann nur dann erfolgen, wenn es exakt die Energie mitbringt, die das Elektron für einen Übergang vom Grundzustand in einen angeregten Zustand benötigt. Für den Wechsel zum angeregten Zustand mit $n = 2$ wäre eine Energie von

$$\Delta W_{12} = W_2 - W_1 = \frac{m_e \cdot e^4}{8 \cdot \varepsilon_0 \cdot h^2} \cdot \left(\frac{1}{1} - \frac{1}{4}\right) = 10{,}2 \text{ eV}$$

notwendig, für den Wechsel zum angeregten Zustand mit $n = 3$ dagegen

die Energie $\Delta W_{13} = W_3 - W_1 = \frac{m_e \cdot e^4}{8 \cdot \varepsilon_0 \cdot h^2} \cdot \left(\frac{1}{1} - \frac{1}{9}\right) = 12{,}1$ eV.

Für den ersten Übergang ist die Energie des Photons zu groß, für den zweiten dagegen zu klein. Eine Absorption ist also nicht möglich!

Franck-Hertz-Versuch

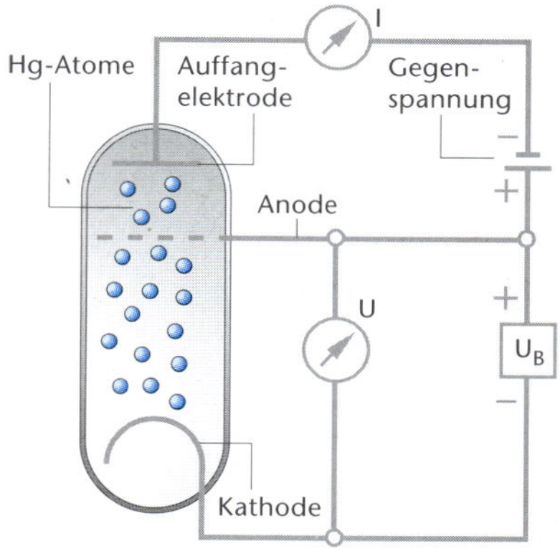

Die von Bohr postulierten Energiestufen im Atom konnten im Jahr 1914 erstmals von Franck und Hertz experimentell nachgewiesen werden. Sie bauten eine Röhre, die im Prinzip einer Triode ähnelt. Die Abbildung zeigt die Glühkathode, aus der Elektronen austreten, die Gitteranode und eine Auffangelektrode. In den Glaskolben wurde noch ein Tropfen Quecksilber gegeben. Die gesamte Röhre kann über eine (hier nicht dargestellte) äußere Heizung so weit erwärmt werden, dass das Quecksilber verdampft und als Gas die Röhre füllt. Zwischen der Gitteranode und der Kathode wird eine Beschleunigungsspannung U_B angelegt, die mit dem Voltmeter gemessen werden kann. Die Zahl der auf die Auffangelektrode treffenden Elektronen kann mithilfe eines Messverstärkers über das eingezeichnete Amperemeter vermessen werden. Zwischen Anode und Auffangelektrode wird zusätzlich noch eine konstante Bremsspannung angelegt, sodass nur solche Elektronen von der Glühkathode zur Auffangelektrode gelangen, die eine genügend große kinetische Energie besitzen, um die Bremsspannung von 1 bis 3 V überwinden zu können.

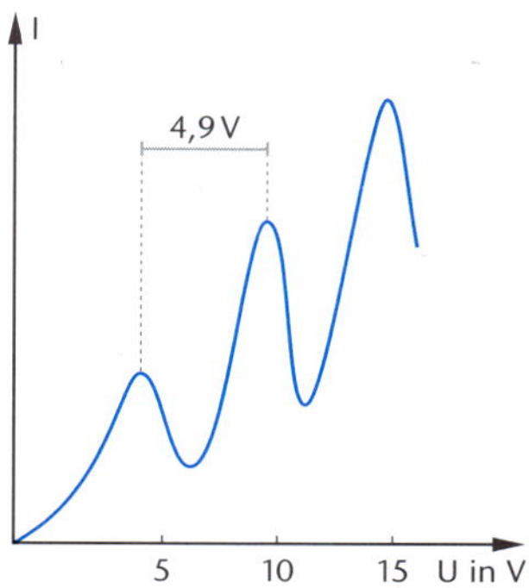

Die Beschleunigungsspannung wird von 0 V beginnend langsam erhöht. Dabei wächst zunächst auch die Stromstärke, weil immer mehr aus der Glühkathode ausgetretene Elektronen genügend kinetische Energie in Richtung Auffangelektrode erhalten. Erreicht die Beschleunigungsspannung jedoch 4,9 V, so fällt die Stromstärke plötzlich steil ab. Weiteres Erhöhen der Beschleunigungsspannung lässt die Stromstärke wieder steigen, jedoch kann man bei jedem Vielfachen von 4,9 V das starke Abfallen der Stromstärke messen.

Die Beobachtungen lassen sich folgendermaßen deuten: Die Stromstärke steigt zunächst, da immer mehr Elektronen die notwendige Geschwindigkeit aufbringen, um die Gegenspannung zu überwinden. Da die Masse der Atome etwa 400 000-mal größer ist als die der Elektronen, verlieren die Elektronen bei elastischen Zusammenstößen mit den Hg-Atomen keine Energie. Bei einer Beschleunigungsspannung von 4,9 V haben die Elektronen dann aber gerade die Energie, die benötigt wird, um mit einem (inelastischen) Stoß ein **Elektron** aus der Atomhülle der Quecksilberatome **auf eine höhere Energiestufe anzuheben.** Dabei gibt das Elektron seine kinetische Energie vollständig an das gestoßene Elektron ab und hat damit nicht mehr genügend Energie, um gegen die Bremsspannung anzulaufen. Weiteres Erhöhen der Beschleunigungsspannung erhöht diesen Anteil an kinetischer Energie wieder, da die Elektronen nur eine exakte Energieportion, nämlich 4,9 eV, an die Atome abgeben können. Daher steigt die Stromstärke zunächst wieder an. Dabei verlagert sich die Zone der inelastischen Stöße immer mehr in Richtung auf die Kathode, denn die Elektronen erzielen bei höherer Beschleunigungsspannung deutlich eher die benötigten 4,9 eV. Bei einer Spannung von U_B = 9,8 V erreichen die Elektronen dann nach ihrem ersten inelastischen Stoß auf dem Weg bis zum Gitter ein weiteres Mal eine kinetische Energie von 4,9 eV. Es tritt eine zweite Zone inelastischer Stöße auf, die zur Anregung der Quecksilberatome führt und die Energie der Elektronen erneut so weit verringert, dass die Beschleunigungsspannung nahezu alle Elektronen abbremst. Analoge Betrachtungen mit immer neuen Zonen inelastischer Stöße erklären die weiteren Stromstärkeminima.
Die Richtigkeit dieser Deutung wird unterstützt durch die Beobachtung, dass die Quecksilberatome die aufgenommene Energie auch wieder abgeben. Beim Zurückfallen in den Grundzustand emittieren die Atome Licht mit der Frequenz:

$$f = \frac{\Delta W}{h} = \frac{4{,}9 \cdot 1{,}602 \cdot 10^{-19}\,\text{J}}{6{,}626 \cdot 10^{-34}\,\text{J} \cdot \text{s}} = 1{,}2 \cdot 10^{15}\,\text{Hz}$$

Diese Frequenz liegt im UV-Bereich des elektromagnetischen Spektrums und kann mit entsprechenden Detektoren nachgewiesen werden. Deutlich erkennbar ist dabei im Verlauf des Experiments auch die wachsende Zahl von Zonen, aus denen das Licht emittiert wird.

Grenzen des bohrschen Modells

Trotz der Erfolge bei der Deutung spektroskopischer Messwerte und des Franck-Hertz-Experimentes konnte das bohrsche Modell die Physiker nicht vollständig befriedigen. Es blieb noch immer eine Reihe von Unverständlichkeiten:

- Man fand keine einleuchtende Begründung für die bohrschen Postulate.
- Da die Elektronen nur auf bestimmten Kreisbahnen umlaufen, müssten zumindest Wasserstoffatome mit nur einem Elektron die Gestalt einer Scheibe haben. In Experimenten verhalten sich die Wasserstoffatome jedoch kugelsymmetrisch.
- Die Linienspektren des Wasserstoffs und der wasserstoffähnlichen Systeme (also Ionen mit nur einem Elektron) konnten zwar sehr exakt berechnet werden, die gemessenen Spektren aller anderen Atome zeigten jedoch experimentell große Abweichungen gegenüber den von Bohr berechneten Werten.
- Man entdeckte, dass viele Spektren neben den Hauptlinien eine Feinstruktur (also eine nochmalige feine Unterteilung) aufweisen. Dies konnte mit dem Bohr-Modell nicht gedeutet werden.
- Auch die unterschiedliche Helligkeit der Spektrallinien blieb ungeklärt.

Letztendlich blieben alle Bemühungen, das bohrsche Modell zu modifizieren, in entscheidenden Punkten unbefriedigend. Der Grund dafür liegt in der Quantenphysik: Alle diese Modelle betrachten das Elektron als klassisches Teilchen, dem mit den entsprechenden Bahnen ein exakter Impuls und ein genauer Aufenthaltsort zugeordnet werden kann. Beide Annahmen sind jedoch falsch, wie wir bereits wissen. Damit kann es auch grundsätzlich kein Atommodell geben, das den Atomaufbau mit Analogien aus der Mechanik zu erklären versucht. Das bohrsche Modell bietet zwar für einige Phänomene brauchbare Vorstellungshilfen, muss aber ansonsten als falsches Modell angesehen werden, das nur zufällig für den Wasserstoff richtige Ergebnisse liefert. Seine historische Leistung liegt vor allem in der Aufnahme der Postulate der Quantenphysik in die Vorstellungen vom Aufbau der Atome.

3.3 Quantenphysikalisches Atommodell

Die Vorstellung von Elektronenbahnen im Atom kann aufgrund der Unschärferelation nicht aufrechterhalten werden. Bei der Suche nach einem Atommodell, welches die quantenphysikalischen Bedingungen besser wiedergibt, kam de Broglie 1924 auf die Idee, Wellenstrukturen innerhalb des Atoms anzunehmen. Wir wissen schon, dass stehende Wellen keine Energie transportieren (vgl. Kap. 1). De Broglie entwickelte die Vorstellung, dass sich im Atom solche stehenden Wellen, die einer konstanten Energie entsprechen, längs einer Kreisbahn ausbilden. Bei der Ausbildung einer stehenden Welle passt auf den Kreisumfang gerade ein ganzzahliges Vielfaches der Wellenlänge, d. h. $2 \cdot \pi \cdot r = n \cdot \lambda$. Setzt man hier für λ die De-Broglie-Wellenlänge des Elektrons ein, so ergibt sich:

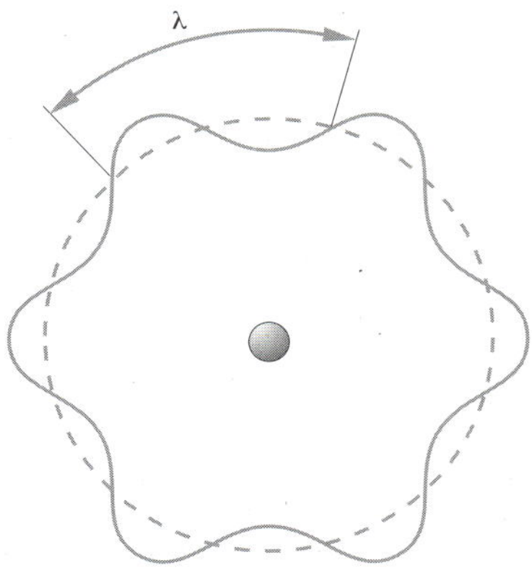

$$2 \cdot \pi \cdot r = n \cdot \frac{h}{m_e \cdot v} \quad \Rightarrow \quad 2\pi r \cdot m_e v = n \cdot h$$

Dies ist aber gerade das erste bohrsche Postulat, das hier als Bedingung für die Ausbildung einer stehenden Welle interpretiert werden kann!
Wir wissen schon, dass die De-Broglie-Wellen heute als Wahrscheinlichkeitswellen interpretiert werden. Die Elektronen werden dabei durch eine im Unterschied zum obigen Bild allerdings dreidimensionale **Wellenfunktion** (sie erhält die Bezeichnung Ψ) beschrieben, deren Betragsquadrat $|\Psi|^2$ die **Wahrscheinlichkeit** angibt, das Elektron an einem bestimmten Ort zu finden. Setzt man diese *Aufenthaltswahrscheinlichkeiten* bildhaft um, so erhält man z. B. Punktwolken, bei denen die Dichte des Punktrasters eine gewisse Wahrscheinlichkeit symbolisiert, das Elektron hier anzutreffen.

Diese Punktwolken (Wahrscheinlichkeitsdichten) nennt man häufig **Orbitale.** Im Grundzustand des Wasserstoffatoms findet man das Elektron in einem kugelförmigen Orbital, dessen Radius $5{,}3 \cdot 10^{-11}$ m beträgt. Dies entspricht dem Radius der ersten Quantenbahn im bohrschen Modell. Die Orbitale beruhen allerdings nicht mehr auf Elektronenbahnen, sondern auf der Idee einer dreidimensionalen, stehenden Materiewelle. Kompliziertere Orbitale haben auch Keulen- oder Hantelform.

Bedenken Sie aber immer, dass das **Orbitalmodell** nur eine Anschauungshilfe für eigentlich ausschließlich mathematisch exakt beschreibbare Zustände ist!

Die Elektronen in den verschiedenen Orbitalen werden durch so genannte **Quantenzahlen** klassifiziert. Neben der schon bei Bohr bekannten **Hauptquantenzahl n** gibt es noch die **Drehimpulsquantenzahl *l*** (mit $0 \leq l < n$), **die magnetische Quantenzahl m** (mit $-l \leq m \leq +l$) und die **Spinquantenzahl s** (mit $s = \pm\frac{1}{2}$).

Der Aufbau der Atomhülle, den wir vom Periodensystem her kennen, folgt dabei zwei wichtigen Prinzipien:

!

Pauli-Prinzip: Zwei Elektronen können niemals in allen vier Quantenzahlen übereinstimmen. Jeder in der Atomhülle mögliche Zustand wird nur von einem einzigen Elektron besetzt.

Energie-Prinzip: Ein Elektron ist bestrebt, in der Atomhülle den Zustand kleinstmöglicher Energie einzunehmen.

Beispiel

Die Abbildung zeigt die Orbitale für Elektronen mit der Hauptquantenzahl $n = 2$ und den Drehimpulsquantenzahlen $l = 0$ (s-Orbital) und

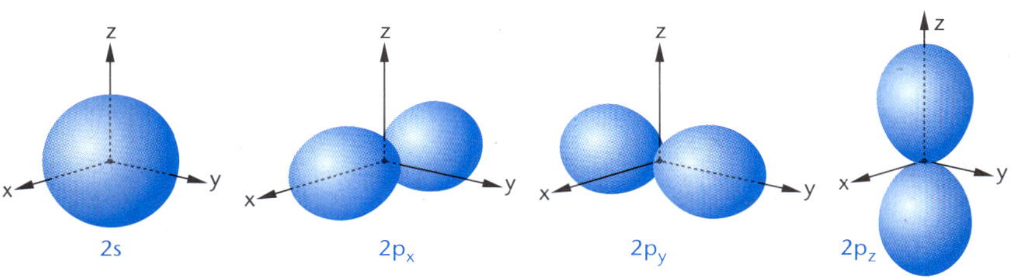

$l = 1$ (p-Orbital). In jedem Orbital können sich zwei Elektronen aufhalten. Die nach dem Pauli-Prinzip möglichen 8 Zustände sind nämlich:

n	l	m	s	Bezeichnung	Anzahl
2	0	0	$-\frac{1}{2}; +\frac{1}{2}$	2s	2
	1	–1	$-\frac{1}{2}; +\frac{1}{2}$	2p	2
		0	$-\frac{1}{2}; +\frac{1}{2}$		2
		1	$-\frac{1}{2}; +\frac{1}{2}$		2

3.4 Grundlagen der Kernphysik

Aufbau des Atomkerns / Grundbegriffe

Bereits aus der Mittelstufe wissen Sie, dass der Atomkern aus Protonen und Neutronen aufgebaut ist, die auch Kernteilchen oder **Nukleonen** genannt werden. Jedes Proton trägt eine positive Elementarladung, während die Neutronen ungeladen sind. Die **Anzahl der Protonen** im Kern wird mit **Z** bezeichnet. Sie gibt zudem die Anzahl der Elementarladungen an und heißt deswegen auch **Kernladungszahl.** Da man die Nummerierung im Periodensystem nach der Kernladungszahl vornimmt, wird Z häufig auch **Ordnungszahl** genannt. Die **Anzahl der Neutronen** heißt **N.** Da Protonen und Neutronen fast die gleiche Masse haben und der Kern nahezu die gesamte Masse des Atoms ausmacht, nennt man die Summe aller Nukleonen auch **Massenzahl A.** Im Überblick:

Symbol	Bedeutung	Bezeichnungen
Z	Zahl der Protonen	Kernladungszahl, Ordnungszahl
N	Zahl der Neutronen	Neutronenzahl
A	Nukleonenzahl $A = N + Z$	Massenzahl

Die Masse wird im atomaren Bereich sehr häufig in der atomaren Masseneinheit u angegeben. Sie ist definiert als der zwölfte Teil der Masse eines Kohlenstoffatoms C 12 mit dem Zahlenwert: $1\ \text{u} = 1{,}6605 \cdot 10^{-27}\ \text{kg}$

In sehr guter Näherung gilt für die atomare Masse m: $m = A \cdot u$

Man kennt zurzeit mindestens 110 verschiedene chemische Elemente. In jedem Element findet man immer dieselbe Anzahl von Protonen, jedoch bis zu 25 verschiedene Neutronenzahlen. Man sagt, ein Element hat verschiedene **Isotope.** Isotope weisen die gleiche Kernladungszahl, aber unterschiedliche Massenzahlen auf.
Unter einem **Nuklid** versteht man dann eine bestimmte Kernart, von der man sowohl die Protonen- als auch die Neutronen- bzw. Massenzahl kennt. Die Nuklide werden in der Schreibweise ${}^{A}_{Z}X$ notiert, wobei X das chemische Symbol bezeichnet.

Beispiel

Die vier Isotope des Heliums (He) haben jeweils zwei Protonen, aber entweder 1, 2, 4 oder 6 Neutronen in ihrem Kern. Man notiert daher:
${}^{3}_{2}He$; ${}^{4}_{2}He$; ${}^{6}_{2}He$; ${}^{8}_{2}He$
Da die Ordnungszahl auch schon durch das chemische Symbol He angegeben ist, kann man auch abkürzend schreiben: He 3, He 4, He 6 bzw. He 8.

Bei der Betrachtung des Kernaufbaus stellt sich die Frage nach der Stabilität des Kerns, da die gegenseitige Abstoßung der Protonen ja eigentlich sofort zu einem Auseinanderfliegen der Nukleonen führen müsste. Dies verhindert aber die so genannte **Kernkraft.**

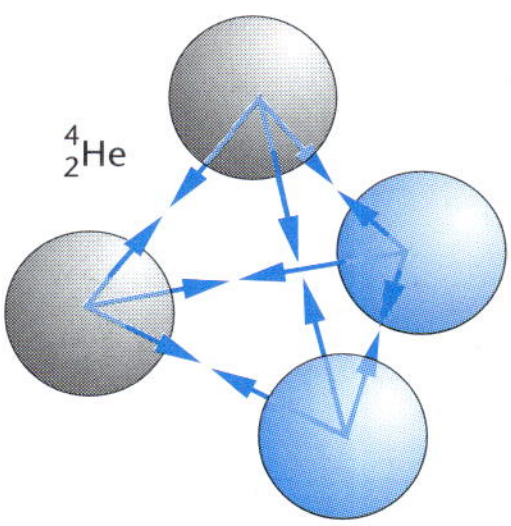

Den Zusammenhalt der Nukleonen im Kern bewirkt die **Kernkraft.** Sie wirkt **nur zwischen Nukleonen** (also nicht auf Elektronen) und ist in ihrer Größe **ladungsunabhängig.**
Die Kernkraft hat eine **sehr kurze Reichweite** und ist in Abständen von etwa $4 \cdot 10^{-15}$ m bereits vollständig verschwunden. Bei einem Abstand von etwa 10^{-15} m (also dem Durchmesser eines Nukleons) ist sie aber die **größte bekannte Kraft** und damit um ein Vielfaches höher als die Coulombkraft zwischen den Protonen, sodass sie auch die Abstoßungskräfte vieler Protonen kompensieren kann.

Radioaktive Strahlung

Im Jahre 1896 entdeckte der französische Physiker H. Becquerel an uranhaltigem Gestein eine neuartige Strahlung. Das Ehepaar Curie fand eine Reihe weiterer Elemente, die ebenfalls diese Strahlung abgaben. Bei genauerer Untersuchung dieser Strahlung, die erst später **radioaktive Strahlung** genannt wurde, zeigten sich folgende Eigenschaften:

- Radioaktive Strahlung ionisiert die Umgebungsluft, das heißt, sie schlägt Elektronen aus den Luftmolekülen und lässt positiv geladene Ionen zurück.
- Ein radioaktiv strahlender Stoff gibt Wärme ab, ohne dass ihm von außen Energie zugeführt werden muss.
- Die Radioaktivität eines Stoffes kann weder chemisch (z. B. Verbrennen oder Lösen) noch physikalisch (z. B. Wärmezufuhr, mechanische oder elektrische Belastung) beseitigt werden.
- Radioaktive Strahlung schädigt lebende Zellen.

Weitere Aufschlüsse über die Eigenschaften der radioaktiven Strahlung erhielt man, als ihr Durchdringungsvermögen quantitativ erforscht und ihr Verhalten in elektrischen und magnetischen Feldern untersucht wurde. Man entdeckte, dass sich die von den radioaktiven Stoffen ausgesandten Strahlen in drei verschiedene Arten unterteilen lassen:

- α-**Strahlen** bestehen aus **zweifach positiv geladenen Heliumkernen.**
  Bezeichnung: ^4_2He oder $^4_2\alpha$ oder He^{2+}
  Eigenschaften:
  - sehr hohes Ionisationsvermögen
  - wenige Zentimeter Reichweite in Luft
  - abschirmbar durch ein Blatt Papier
  - schwach magnetisch ablenkbar
  - Alle α-Teilchen eines Nuklids haben ungefähr dieselbe diskrete Energie.

- **β-Strahlen** bestehen aus **Elektronen.**
  Bezeichnung: $^{0}_{-1}e$ oder $^{0}_{-1}\beta$
  Eigenschaften:
  - nur etwa 1/100 des Ionisationsvermögens von α-Teilchen
  - Reichweite in Luft etwa 10 cm – 1 m
  - abschirmbar durch einige Millimeter dicke Aluminiumplatten
  - stark magnetisch ablenkbar
  - Die β-Teilchen eines Nuklids weisen eine kontinuierliche Energieverteilung auf.

- **γ-Strahlen** bestehen **aus sehr energiereicher elektromagnetischer Strahlung.**
  Bezeichnung: γ
  Eigenschaften:
  - sehr geringes Ionisationsvermögen
  - Reichweite in Luft mehrere Kilometer
  - abschirmbar durch dicke Bleiplatten
  - magnetisch nicht ablenkbar
  - verschiedene diskrete Energien bei einem Nuklid

Radioaktiver Zerfall

Alle radioaktive Strahlung entstammt dem Atomkern, wobei sich der Kern selbst verändert.

Beim **α-Zerfall** verliert der Kern zwei Protonen und zwei Neutronen. Er geht dabei in einen Kern mit einer um 2 geringeren Ordnungszahl und einer um 4 geringeren Massenzahl über. Dies lässt sich in folgender Reaktionsgleichung notieren:

$$^{A}_{Z}X \longrightarrow {}^{A-4}_{Z-2}Y + {}^{4}_{2}\alpha$$

Beispiel

$$^{233}_{92}U \longrightarrow {}^{229}_{90}Th + {}^{4}_{2}\alpha$$

VERTIEFUNG

Verlässt ein α-Teilchen den Kern, so wird es von der Coulombkraft abgestoßen. Die dabei auftretende kinetische Energie lässt sich berechnen:

$$W_{kin} = \frac{Q_1 \cdot Q_2}{4\pi \cdot \varepsilon_0 \cdot r} = \frac{2e \cdot Ze}{4\pi \cdot \varepsilon_0 \cdot r}$$

Dabei ist Z die Kernladungszahl des neu entstehenden Kerns. Vergleicht man die so berechnete Energie mit den tatsächlich auftretenden Energien, so stellt sich heraus, dass die α-Teilchen erheblich langsamer sind, als es die theoretische Rechnung ergibt. Es scheint, als würden sie ihre kinetische Energie erst ab einem weiter vom Kern entfernten Startpunkt erhalten. Umgekehrt wären die α-Teilchen auch nicht mehr in der Lage, mit der vorhandenen kinetischen Energie die elektrostatischen Abstoßungskräfte des Kerns zu überwinden, wenn man sie in den Kern „zurückbefördern" wollte. Dieser im Rahmen der klassischen Physik nicht lösbare Widerspruch zum Energieerhaltungssatz wird überwunden, wenn man die α-Teilchen als Quantenobjekte ansieht, deren Aufenthaltsort mithilfe der Wellenfunktion mit einer gewissen Wahrscheinlichkeit angegeben werden kann. Diese Wahrscheinlichkeit ist auch außerhalb des Kerns für Protonen und Neutronen nicht null.

Die Tatsache, dass Quantenobjekte Energiebarrieren durchdringen können, ohne die zur Überwindung dieser Barriere (klassisch) notwendige Energie zu besitzen, wird **Tunneleffekt** genannt. Man spricht dann davon, dass die α-Teilchen die Energiebarriere des Kerns durchtunneln.

Beim β-**Zerfall** verliert der Kern ein Elektron. Dies erscheint zunächst unverständlich, da in Atomkernen prinzipiell keine Elektronen vorhanden sind. Es handelt sich hier jedoch um eine **Kernumwandlung**, bei der ein **Neutron in ein Proton** umgewandelt wird, wobei ein Elektron den Kern verlässt. Dabei geht der Kern über in einen anderen Kern mit einer um 1 größeren Kernladungszahl, aber derselben Massenzahl (die Masse des Elektrons kann vernachlässigt werden).

Reaktionsgleichung des β-Zerfalls:

$$^{A}_{Z}X \longrightarrow {}^{A}_{Z+1}Y + {}^{0}_{-1}\beta$$

Auch bei der Aussendung radioaktiver Teilchen gilt der Impulserhaltungssatz. Beim β-Zerfall stellte sich allerdings heraus, dass die Impulse des β-Teilchens und des Rückstoßkerns nicht identisch sind. Auch die Energieerhaltung bereitete wegen der kontinuierlichen Energieverteilung der ausgesandten Elektronen Probleme. Die Aufrechterhaltung der fundamentalen Energie- und Impulserhaltungssätze veranlasste Pauli, ein weiteres beim β-Zerfall auftretendes Teilchen zu postulieren, welches er **Elektron-Antineutrino** $\bar{\nu}_e$ nannte. Dieses ungeladene und nahezu masselose Teilchen ist trotz erheblicher Schwierigkeiten heute auch experimentell nachgewiesen. Die komplette Reaktionsgleichung lautet daher:

$$ {}^{A}_{Z}X \longrightarrow {}^{A}_{Z+1}Y + {}^{0}_{-1}\beta + \bar{\nu}_e $$

Beispiel

$$ {}^{14}_{6}C \longrightarrow {}^{14}_{7}N + {}^{0}_{-1}\beta + \bar{\nu}_e $$

VERTIEFUNG

Radioaktive Kerne lassen sich auch künstlich (durch Teilchenbeschuss) erzeugen. Bei diesen künstlichen Radionukliden tritt noch eine weitere Art des β-Zerfalls auf. Bei Kernen, die einen sehr hohen Protonenüberschuss besitzen, kann sich nämlich auch ein Proton in ein Neutron umwandeln, wobei ein so genanntes **Positron** und ein **Elektron-Neutrino** ν_e frei wird. Für diesen β^+**-Zerfall** erhält man die Reaktionsgleichung:

$$ {}^{A}_{Z}X \longrightarrow {}^{A}_{Z-1}Y + {}^{0}_{1}e^{+} + \nu_e $$

Bei den Positronen handelt es sich um Teilchen, die die gleiche Masse wie Elektronen, aber eine positive Elementarladung besitzen. Sie gehören (wie die Antineutrinos) zur Antimaterie. Dass sie unter natürlichen Bedingungen nicht vorkommen, liegt an ihrer sehr kurzen Lebensdauer. Sie vereinigen sich praktisch sofort mit einem Elektron und zerstrahlen zu γ-Quanten.

Beim γ-**Zerfall** ändert sich nur der Energiezustand des Kerns. Bei der dabei auftretenden Energieabgabe (in Form von Photonen) geht der Kern von einem angeregten in einen energieärmeren Zustand über:

$$^{A}_{Z}X^* \longrightarrow {}^{A}_{Z}X + \gamma$$

γ-Strahlung tritt sehr häufig als Begleiter der α- und β-Strahlung auf, da der Kern von diesen Strahlungsarten oft in einem angeregten Zustand hinterlassen wird.
Ob ein bestimmtes Nuklid stabil bzw. ein α- oder β-Strahler ist, erfährt man aus einer **Nuklidkarte.** In ihr sind alle Elemente mit ihren sämtlichen Isotopen verzeichnet, wobei die Isotope (Z = konstant) in einer waagerechten und die Nuklide mit derselben Massenzahl (A = konstant) in einer senkrechten Linie angeordnet sind. Die jeweilige Zerfallsart entnimmt man der farbigen Unterlegung.
Beim Zerfall eines radioaktiven (instabilen) Kerns entsteht ein neuer Kern, der seinerseits sehr häufig selbst wieder instabil ist und in einen weiteren so genannten Tochterkern zerfällt. Dieser Zerfall setzt sich fort, bis er bei einem stabilen Element endet. Auf diese Weise entstehen ganze Ketten von radioaktiven α- und β-Zerfällen, die man auch **Zerfallsreihen** nennt. Da sich die Massenzahl nur beim α-Zerfall und dabei jeweils um vier Einheiten ändert, kann es insgesamt nur vier verschiedene Zerfallsreihen geben, deren Kerne eine Massenzahl von 4n, 4n + 1, 4n + 2 oder 4n + 3 haben, wobei n eine natürliche Zahl ist. Man erhält die folgenden vier Zerfallsreihen:

Reihenname	Massenformel	Mutternuklid	stabiles Endnuklid
Thorium-Reihe	4n	Th 232	Pb 208
Uran-Radium-Reihe	4n + 1	U 238	Pb 206
Uran-Actinium-Reihe	4n + 2	U 235	Pb 207
Neptunium-Reihe	4n + 3	Pu 241	Bi 209

Die Neptunium-Reihe ist aufgrund der relativ kurzen Halbwertszeit (s. nächste Seite) seines „langlebigsten" Nuklids Np 237 in der Natur bereits verschwunden. Ihre Elemente lassen sich aber künstlich erzeugen. Die Zerfallsreihen zeigen, dass man bei der Verwendung eines radioaktiven Präparates selten mit einer reinen α- oder β-Strahlung rechnen

kann, da es immer auch Tochterkerne enthält, die die jeweils andere Strahlungsart aussenden können.
Der Zerfall einer großen Anzahl von Kernen eines Nuklids ist ein rein stochastischer Prozess. Betrachtet man einen einzelnen Kern, so lässt sich keinerlei Vorhersage machen, wann dieser Kern unter Aussendung eines α- oder β-Teilchens zerfallen wird. Dennoch kann man Aussagen zur Geschwindigkeit des Zerfalls einer großen Anzahl von Kernen machen. Der Zerfall der Gesamtheit der Kerne gehorcht einem strengen mathematischen Gesetz, das **Zerfallsgesetz** genannt wird.
Hierfür wird zunächst der Begriff der Halbwertszeit benötigt:

> Die **Halbwertszeit** beschreibt die Zeit, in der die Hälfte der ursprünglich vorhandenen Kerne eines radioaktiven Nuklids zerfallen ist.

Die Halbwertszeit ist während des gesamten Zerfalls konstant. Wenn also nach einer Halbwertszeit die Hälfte aller Kerne zerfallen ist, so ist diese Hälfte in der nächsten Zeitperiode die neue Ausgangsgröße. Von dieser zerfällt nach einer weiteren Halbwertszeit wieder eine Hälfte, sodass dann noch ein Viertel der ursprünglichen Kerne vorhanden ist. Ein solcher Zerfallsvorgang, bei dem in gleichen Zeitintervallen immer eine erneute Halbierung vorgenommen wird, wird mathematisch durch eine exponentielle Zerfallsfunktion beschrieben. Das **Zerfallsgesetz** lautet:

> Sind zur Zeit $t = 0$ von einem radioaktiven Nuklid N_0 Kerne vorhanden, so beträgt zur Zeit t die Anzahl der noch nicht zerfallenen Kerne:
> $N(t) = N_0 \cdot e^{-\lambda \cdot t}$

Mit λ bezeichnet man dabei die so genannte **Zerfallskonstante**, die sich aus der Halbwertszeit $T_{\frac{1}{2}}$ durch folgende Rechnung ergibt:
Nach Ablauf einer Halbwertszeit sind von den ursprünglich N_0 Kernen noch die Hälfte vorhanden, also $\frac{1}{2}N_0$. Setzt man beides in das Zerfallsgesetz ein, so erhält man:

$$\frac{1}{2}N_0 = N_0 \cdot e^{-\lambda \cdot T_{\frac{1}{2}}} \Rightarrow \frac{1}{2} = e^{-\lambda \cdot T_{\frac{1}{2}}} \Rightarrow \ln \frac{1}{2} = -\lambda \cdot T_{\frac{1}{2}}$$

$$\Rightarrow \ln 1 - \ln 2 = 0 - \ln 2 = -\lambda \cdot T_{\frac{1}{2}} \Rightarrow \boxed{\lambda = \frac{\ln 2}{T_{\frac{1}{2}}}}$$

Beispiel

Iod 131 hat eine Halbwertszeit von 8 Tagen. Geht man zum Zeitpunkt t = 0 von einer Milliarde Kernen aus, so erhält man die nebenstehende Zerfallskurve.

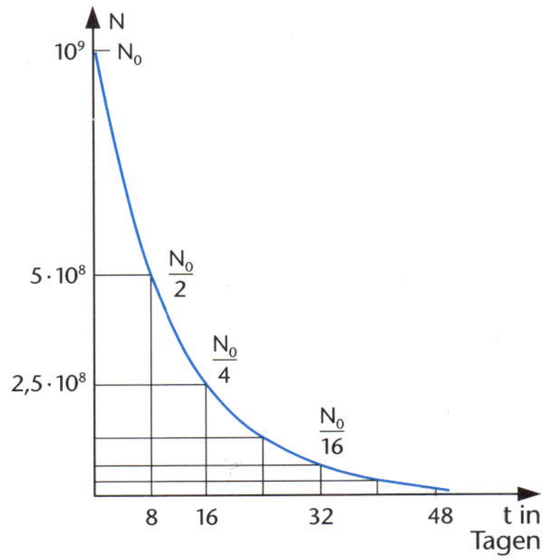

Aktivität

Die Halbwertszeiten radioaktiver Stoffe reichen von weniger als einer Mikrosekunde bis zu mehreren Milliarden Jahren. Die Halbwertszeit sagt aber nichts darüber aus, wie stark ein ganz bestimmter Stoff strahlt, über dessen Zusammensetzung und Alter man nichts weiß. Um ein Maß für die Geschwindigkeit des radioaktiven Zerfalls eines Stoffes zu haben, definiert man die so genannte **Aktivität A(t):**

Unter Aktivität versteht man den Quotienten aus der Zahl der in einem kleinen Zeitintervall zerfallenen Kerne und der Zeitspanne selbst:

$$A(t) = -\frac{\Delta N}{\Delta t} \quad \text{für} \quad \Delta t \ll T_{\frac{1}{2}}$$

Auf die zeitliche Einschränkung kann bei differenzieller Schreibweise verzichtet werden. Es gilt:

$$A(t) = -\dot{N}(t)$$

Das negative Vorzeichen wird benötigt, da die Größe $\Delta N = N(t+\Delta t) - N(t)$ bereits negativ ist, die Aktivität selbst aber positives Vorzeichen erhalten soll. Gleiches gilt natürlich auch für die Ableitung $\dot{N}$, denn die Steigung der N(t)-Funktion hat durchgängig negatives Vorzeichen (vgl. die Abbildung zum Beispiel „Iod 131").

Aus der Definition der Aktivität ergeben sich sofort weitere Beziehungen:

$$A(t) = -\dot{N}(t) = -\lambda \cdot N_0 \cdot e^{-\lambda \cdot t} \quad \Rightarrow \quad A(t) = \lambda \cdot \dot{N}(t)$$

Aufgrund der Proportionalität zu N(t) kann man für die Aktivität ein analoges Zerfallsgesetz formulieren:

$$A(t) = A_0 \cdot e^{-\lambda \cdot t} \quad \text{mit} \quad A_0 = \lambda \cdot N_0$$

Die Aktivität hat insbesondere eine messtechnische Bedeutung. Nachweisgeräte für radioaktive Strahlung, wie z. B. das Geiger-Müller-Zählrohr, messen nämlich in der Regel die Geschwindigkeit des Zerfalls, also die Aktivität eines radioaktiven Stoffes. Aufgrund dieser Bedeutung für die Praxis bekommt die Aktivität eine eigene Einheit, die nach dem Entdecker der Radioaktivität benannt wurde:

!

Die Aktivität wird in Zerfällen pro Sekunde gemessen. Ihre Einheit ist daher **1 s^{-1} = 1 Bq (= 1 Becquerel).**

Kernspaltung

Im Jahre 1932 entdeckte Chadwick beim Beschuss von Beryllium mit α-Teilchen ein neuartiges Strahlungsteilchen. Die Teilchen hatten ungefähr eine Protonenmasse, trugen aber keine Ladung. Es handelte sich um freie Neutronen, entsprechend der Reaktionsgleichung ${}^{9}_{4}Be + {}^{4}_{2}\alpha \longrightarrow {}^{12}_{6}C + {}^{1}_{0}n$.
Aufgrund der fehlenden Ladung hat diese Teilchenstrahlung ein sehr großes Durchdringungsvermögen und kann nur durch meterdicke Beton- oder Wasserschichten abgeschirmt werden.
Mithilfe der Neutronenquellen war eine Reihe ganz neuer Experimente möglich. Da die Neutronen nicht durch die Coulombkräfte des Kerns abgestoßen werden, können sie leicht in ihn eindringen. Von besonderem Interesse war dabei der so genannte **Neutroneneinfang**, eine Reaktion, bei der Neutronen mit geringer Energie im Innern des Kerns stecken bleiben. Auf diese Weise gelang zum Beispiel die Erzeugung von schwerem Wasserstoff (Deuterium) mit der **Kernreaktion** ${}^{1}_{1}H + {}^{1}_{0}n \longrightarrow {}^{2}_{1}D + \gamma$, bei der zusätzlich sehr energiereiche γ-Quanten frei werden.
Auch die deutschen Chemiker Hahn und Strassmann unternahmen 1938 solche Versuche mit Neutronenbeschuss. Sie verwendeten aber sehr schwere Urankerne mit dem Ziel, neue, noch schwerere Kerne zu erzeugen, die man **Transurane** nannte. Überraschenderweise fanden sie nach der Reaktion aber keine schwereren Teilchen, sondern viel leichtere,

nämlich Barium und Krypton. Erst später erkannten sie, dass der Urankern beim Beschuss mit Neutronen in zwei Bruchstücke zerplatzt sein musste. Mit der Reaktion $^{235}_{92}\mathrm{U} + ^{1}_{0}\mathrm{n} \longrightarrow ^{89}_{36}\mathrm{Kr} + ^{144}_{56}\mathrm{Ba} + 3\,^{1}_{0}\mathrm{n} + \gamma$ hatten sie erstmals die **Kernspaltung** entdeckt.

Den Vorgang der Spaltung kann man sich gut vorstellen, wenn man das **Tröpfchenmodell** des Kerns verwendet. Der Kern wird hier mit einem Flüssigkeitstropfen verglichen, wobei die Kernkraft näherungsweise den Kohäsionskräften zwischen den Flüssigkeitsmolekülen entspricht. Ein Urankern ist in diesem Tröpfchenmodell nicht sehr stabil, weil durch die vielen Protonen die Coulomb-Abstoßungskräfte im Vergleich zu kleinen Kernen sehr viel größer sind. Es gibt bei diesen Kernen in sehr seltenen Fällen daher sogar **spontane Spaltung** ohne äußere Einwirkung. In den meisten Fällen wird der Kern aber erst durch ein eindringendes Neutron zum Schwingen angeregt. Dabei nimmt der Tropfen zwischenzeitlich eine Art Hantelform an, in deren Einschnürung sich nur noch wenige Nukleonen befinden. Aufgrund der kurzen Reichweite der Kernkräfte reichen sie an dieser Engstelle nicht mehr aus, um die beiden Teile zusammenzuhalten. Die Coulombkraft überwiegt die Kernkraft und treibt die beiden Bruchstücke mit hoher Energie auseinander. Man spricht in diesem Fall von **erzwungener Spaltung.**

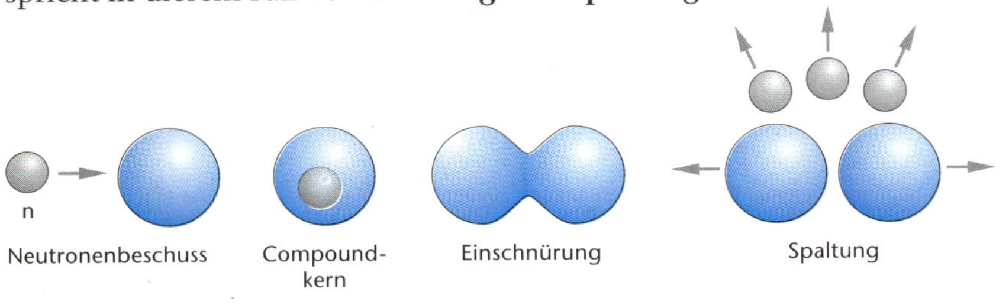

Der Reaktionsgleichung der Spaltung bzw. der Abbildung kann man entnehmen, dass bei der Spaltung von Kernen neue Neutronen freigesetzt werden. Diese könnten prinzipiell wieder Kerne spalten, sodass es zu einer **Kettenreaktion** von Spaltungen käme. Dabei muss allerdings beachtet werden, dass die erzwungene Spaltung nur mit langsamen Neutronen (man spricht auch von **thermischen Neutronen**) möglich ist, während die bei der Spaltung freigesetzten Neutronen sehr schnell sind. Will man also eine Kettenreaktion in Gang setzen, so müssen diese emittierten Neutronen abgebremst werden. Dazu verwendet man Materialien, die möglichst viele Protonen auf der Moleküloberfläche enthalten,

also z. B. Wasser oder Kohlenstoffverbindungen (Graphit, Paraffin). Man nennt solche Stoffe **Moderatoren**. Durch die Stöße mit den etwa gleich schweren Stoßpartnern verlieren die Neutronen einen Großteil ihrer kinetischen Energie und können dann neue Spaltungen auslösen.
Bei der friedlichen Nutzung der Kernenergie in einem Reaktor muss man die Kettenreaktion natürlich kontrollieren: Es darf im Mittel nicht mehr als *ein* freigesetztes Neutron zu einer weiteren Spaltung führen. Dies bedeutet, dass man Materialien einsetzen muss, die einen Teil der emittierten Neutronen absorbieren. Dazu eignen sich Materialien wie Cadmium oder Bor, die in so genannten **Regelstäben** in den Reaktor eingefahren werden.
Die große technische Bedeutung der Kernspaltung hat ihren Grund in der großen Menge an frei werdender Energie. Bei der Spaltung werden pro Kern etwa 200 MeV frei, die im Wesentlichen den Spaltprodukten als kinetische Energie mitgegeben werden. Würde man die Kerne aus einem Kilogramm Uran (Das ist ein Würfel mit einer Kantenlänge von knapp 4 cm!) vollständig spalten, so wäre die dabei frei werdende Energie ebenso groß wie die bei der Verbrennung von 2000 t (etwa 65 Güterwaggons!) Kohle freigesetzte Wärmeenergie.
Dieser unvorstellbar große Energievorrat in einer kleinen Stoffmenge stammt aus der Kernbindungsenergie. Könnte man z. B. ein Heliumatom gegen die vier einzelnen Nukleonen aufwiegen, aus denen es aufgebaut ist, so fände man für den Kern eine etwas geringere Masse als für seine Bausteine. Die Differenz wird als **Massendefekt Δm** bezeichnet:

$$\Delta m = (Z \cdot m_p + N \cdot m_n) - m_{Kern}$$

Die geringere Masse des Kerns hat ihre Ursache in einer Umwandlung von Masse in Energie. Da man diese Energie aufbringen muss, um den Kern gegen die Kernkräfte in seine Bestandteile zu zerlegen, trägt sie den Namen **Kernbindungsenergie W_B** und wird mit negativen Werten angegeben. Der Verlust an potenzieller Energie der Einzelnukleonen gegenüber den gebundenen Nukleonen ist aufgrund der Äquivalenz von Masse und Energie gleichbedeutend mit einem Verlust an Masse, der sich im Massendefekt äußert. Es gilt demnach:

$$W_B = -\Delta m \cdot c^2$$

Zerlegt man beispielsweise einen Eisenkern mit A = 60 in 60 Einzelnukleonen, so muss man dazu Energie aufbringen. Diese Energie ist dann als potenzielle Energie in den Einzelnukleonen gespeichert. Fügt man die 60 Einzelnukleonen wieder zu einem Eisenkern zusammen, so wird diese potenzielle Energie wieder frei. Diesen Vorgang nennt man **Kernfusion.** Würde man nun aber versuchen, zwei Kerne mit A = 60 zu einem großen Kern mit A = 120 zu verschmelzen, so würde man feststellen, dass bei dieser Fusion keine Energie mehr frei wird, sondern dass jetzt sogar Energie *zugeführt* werden muss. Dies liegt daran, dass die Energie, die man benötigt, um die Coulomb-Abstoßungskräfte der beiden Kerne zu überwinden, nun größer ist als der Energiegewinn durch die frei werdende potenzielle Energie. Die hier zum Zusammenfügen zu einem großen Kern aufgewandte Energie kann nun ihrerseits wieder freigesetzt werden, indem man den großen Kern in zwei kleine Kerne zerlegt. Man spricht in diesem Fall von **Kernspaltung.**

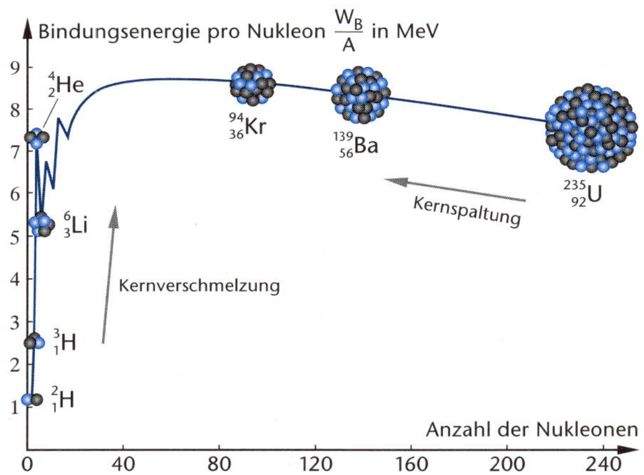

Einen guten Überblick über die Abhängigkeit der frei werdenden Energie von der Nukleonenzahl des Kerns erhält man, wenn man die Kernbindungsenergie W_B durch die Anzahl der Nukleonen teilt und diese Kernbindungsenergie pro Nukleon $\frac{W_B}{A}$ in Abhängigkeit von der Massenzahl A aufträgt. Man erhält dann das oben stehende Diagramm.
Es zeigt, dass die Bindungsenergie pro Nukleon für das Eisenisotop der Massenzahl A = 60 mit etwa 8,5 MeV am größten ist und dann zu bei-

den Seiten hin abnimmt. Demzufolge kann man Energie (als Differenz der Bindungsenergien) entweder gewinnen, wenn man schwere Kerne in zwei leichtere spaltet oder aber leichte Kerne zu schweren fusioniert.

Beispiel
Wenn man zwei schwere Wasserstoffkerne zu einem Heliumkern verschmilzt, so erhöht sich der Betrag der Bindungsenergie für jedes Nukleon laut Grafik von 1 MeV auf 7 MeV. Bei insgesamt 4 beteiligten Nukleonen erhält man einen Energiebetrag von $4 \cdot 6$ MeV = 24 MeV, der bei dieser Fusionsreaktion frei wird.
Spaltet man dagegen einen schweren U 238-Kern in zwei mittelschwere Kerne, so erhöht sich der Betrag der Bindungsenergie je Nukleon von ca. 7,5 MeV auf 8,5 MeV. Aus der Spaltung erhielte man also einen Energiegewinn von $230 \cdot 1$ MeV = 230 MeV.

3.5 Musteraufgaben zu den Themen des Kapitels

Aufgabe 1: *(Bearbeitungszeit: 75 Minuten)*

1.1 Erläutern Sie, welche grundsätzliche Vorstellungen Rutherfords Bohr in sein Atommodell übernommen hat und an welchen Stellen das Modell von ihm modifiziert wurde. Welche Gründe hatte Bohr für die Veränderung des rutherfordschen Modells?

1.2 Leiten Sie eine Formel für die Radien der bohrschen Elektronenbahnen her und bestimmen Sie den Radius der innersten Bahn.

1.3 Für ein Elektron auf der innersten Bahn erhält man aus den bohrschen Postulaten eine Bahngeschwindigkeit von $v_1 = 2{,}18 \cdot 10^6\ \text{m s}^{-1}$. Zeigen Sie mithilfe der heisenbergschen Unschärferelation, dass dieses Ergebnis aus der Sicht der Quantentheorie nicht haltbar ist.

1.4 Berechnen Sie die fünf niedrigsten Energiestufen im Wasserstoffatom in eV. Zeichnen Sie ein Energieniveauschema, indem Sie die errechneten Energien auf einer senkrechten Achse abtragen.

1.5 Beschreiben Sie, wie man Atome zur Emission von Licht anregen kann.

1.6 Alle Energieübergänge von höheren Stufen in den ersten angeregten Zustand ($n = 2$) bezeichnet man nach ihrem Entdecker als Balmer-Serie. Die zugehörigen Spektrallinien liegen alle im sichtbaren Bereich. Berechnen Sie exemplarisch drei dieser Linien.

1.7 Wie lautet die Hauptquantenzahl des angeregten Zustandes, bei dessen Übergang in den 2. angeregten Zustand eine infrarote Linie mit $\lambda = 1282$ nm emittiert wird?

1.8 Das Atommodell von Bohr ist auch auf andere Einelektronensysteme anwendbar, wie z. B. He^+, Li^{++} oder Be^{+++}. Zeigen Sie, dass für ein Einelektronensystem mit der Kernladung $Z \cdot e$ für die Gesamtenergie eines Elektrons auf der n-ten Quantenbahn gilt: $W_n = -Z^2 \cdot \frac{Rhc}{n^2}$

Aufgabe 2: *(Bearbeitungszeit: 90 Minuten)*

Mit einer Franck-Hertz-Röhre wurde bei zwei unterschiedlichen Temperaturen die Anodenstromstärke in Abhängigkeit von der Beschleunigungsspannung gemessen. Die Messwerte sind in den folgenden Tabellen wiedergegeben:

a) $T = 20$ °C

U_B in V	5	10	15	20	25	30	35
I_A in nA	0,18	0,51	56,8	77,2	83,9	84	84

b) $T = 200$ °C

U_B in V	I_A in nA	U_B in V	I_A in nA	U_B in V	I_A in nA
1	0	9	14,5	14,5	36
2	0	9,5	22,5	14,75	36,5
3	1	9,75	26,5	15	25
4	4,5	10	24,5	16	3,5
5	14	10,5	8,5	17	3,5
5,5	9,5	11	2	17,5	8,5
6	1	12	9	18	14
7	1	13	10,5	18,5	24,5
8	3,5	13,5	27	19	36
8,5	8	14	36	19,5	42

2.1 Übertragen Sie beide Messungen in ein U_B-I_A-Diagramm und erläutern Sie den Verlauf der beiden Kurven. Begründen Sie, warum die Anodenstromstärke im Verlauf des Versuches, außer zu Beginn, nie auf null zurückgeht.

2.2 Bestimmen Sie aus Ihrem Diagramm einen Mittelwert für die Anregungsenergie ΔW und vergleichen Sie diesen mit dem Literaturwert ($\Delta W = 4{,}9$ eV). Führen Sie dazu eine Fehlerrechnung durch.

2.3 Warum ist das Ergebnis des Franck-Hertz-Experiments nicht mit dem Rutherford-Modell erklärbar?

2.4 Der Kurvenverlauf des Diagramms ist für sich genommen noch kein schlüssiger Beweis für diskrete Energiezustände in den Quecksilberatomen. Welche zusätzliche Beobachtung belegt die Existenz solcher diskreter Energiezustände?

2.5 Wie könnte man mithilfe des durchgeführten Experimentes die plancksche Wirkungskonstante h vermessen?

2.6 Das Franck-Hertz-Experiment lässt sich anstelle von Quecksilber auch mit Helium durchführen. Man erhält das Diagramm rechts: Erläutern Sie die Unterschiede zum Hg-Diagramm und skizzieren Sie die Lage der Gebiete, in denen die unelastischen Elektronenstöße stattfinden, wenn $U_B = 63{,}6$ V beträgt.

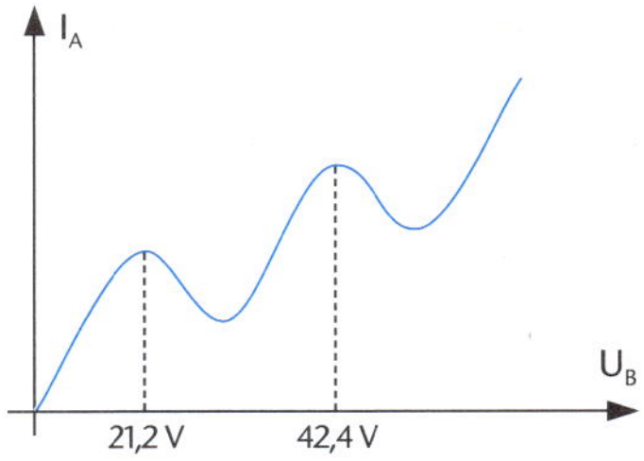

Aufgabe 3: *(Bearbeitungszeit: 70 Minuten)*

Mithilfe eines so genannten Geiger-Müller-Zählrohres kann man die Zahl der zerfallenden Kerne eines radioaktiven Präparates abschätzen. Das Zählrohr registriert die bei einem Zerfallsprozess frei werdenden radioaktiven Teilchen. Die angezeigte Impulsrate ist daher ein Maß für die innerhalb des Messintervalls zerfallenen Kerne.
Mit einem solchen Zählrohr wird nun die Impulsrate eines radioaktiven Präparates in Abständen von jeweils 5 Minuten vermessen. Man erhält folgende Werte:

t in min	0	5	10	15
Impulsrate Z in s^{-1}	1896	1194	750	476

3.1 Übertragen Sie die Messwerte in ein t-Z-Diagramm und ermitteln Sie grafisch die Halbwertszeit des verwendeten Präparates.

3.2 Ermitteln Sie aus den Messergebnissen den Wert der Zerfallskonstante und stellen Sie das Zerfallsgesetz auf. Überprüfen Sie damit das grafische Ergebnis aus 3.1 durch Rechnung.

3.3 Berechnen Sie, wie viele radioaktive Kerne das Präparat zu Beginn der Messung enthielt. Berücksichtigen Sie dabei, dass das Zählrohr nur etwa 20 % der entstehenden radioaktiven Teilchen nachweist.

3.4 Wie lange dauert es, bis von den ursprünglich vorhandenen Kernen nur noch 10 % vorhanden sind?

3.5 Die Zahl der von einem Präparat emittierten radioaktiven Teilchen verringere sich während der Zeit Δt um p %. Zeigen Sie, dass für die Halbwertszeit des Präparates dann die Beziehung gilt:

$$T_{\frac{1}{2}} = \frac{-\Delta t \cdot \ln 2}{\ln\left(1 - \frac{p}{100}\right)}$$

3.6 Das verwendete Präparat kann häufig über die Halbwertszeit und die Strahlungsart identifiziert werden. Wie gelingt der Nachweis, ob es sich um einen α- oder β-Strahler handelt?

3.7 In diesem Experiment wurde der β-Strahler Ac 231 verwendet, der in ein Thorium-Isotop zerfällt. Stellen Sie die Reaktionsgleichung dieses Zerfalls auf.

3.6 Lösungen

Aufgabe 1:

1.1 Bohr übernahm die Grundvorstellung von einem positiv geladenen Kern und der weitgehend leeren Atomhülle, in der sich die Elektronen auf Kreisbahnen bewegen. Allerdings sind bei Bohr keine beliebigen Radien mehr zugelassen, sondern nur noch diskrete Elektronenbahnen, auf denen sich die Elektronen strahlungsfrei bewegen. Damit löste Bohr das Stabilitätsproblem des Rutherfordmodells und lieferte eine Erklärung für die Linienspektren (vgl. Kap. 3.2).

1.2 In Kapitel 3.2 wurde durch Gleichsetzen von Coulombkraft und Radialkraft hergeleitet:

$$r = \frac{1}{4\pi \cdot \varepsilon_0} \cdot \frac{e^2}{m_e \cdot v^2}$$

Die Geschwindigkeit v erhält man aus dem bohrschen Postulat:

$$2\pi r_n \cdot m_e v_n = n \cdot h \quad \Rightarrow \quad v_n = \frac{n \cdot h}{2\pi \cdot m_e \cdot r_n} \quad \Rightarrow \quad v_n^{\,2} = \frac{n^2 \cdot h^2}{4\pi^2 \cdot m_e^{\,2} \cdot r_n^{\,2}}$$

Einsetzen liefert:

$$r_n = \frac{4\pi^2 \cdot m_e^{\,2} \cdot r_n^{\,2} \cdot e^2}{4\pi \cdot \varepsilon_0 \cdot m_e \cdot n^2 \cdot h^2} \quad \Rightarrow \quad r_n = \frac{\varepsilon_0 \cdot h^2}{\pi \cdot e^2 \cdot m_e} \cdot n^2$$

Für den innersten Radius mit n = 1 erhält man durch Einsetzen der Naturkonstanten:

$$r_1 = \frac{8{,}854 \cdot 10^{-12}\,\mathrm{C\,V^{-1}\,m^{-1}} \cdot (6{,}626 \cdot 10^{-34}\,\mathrm{J\,s})^2}{\pi \cdot (1{,}602 \cdot 10^{-19}\,\mathrm{C})^2 \cdot 9{,}109 \cdot 10^{-31}\,\mathrm{kg}} = 5{,}293 \cdot 10^{-11}\,\mathrm{m}$$

(*Einheiten:*

$$\frac{\mathrm{C \cdot V^{-1} \cdot m^{-1} \cdot J^2 \cdot s^2}}{\mathrm{C^2 \cdot kg}} = \frac{\mathrm{J^2 \cdot s^2}}{\mathrm{V \cdot C \cdot m \cdot kg}} = \frac{\frac{\mathrm{kg^2 \cdot m^4}}{\mathrm{s^4}} \cdot \mathrm{s^2}}{\frac{\mathrm{kg^2 \cdot m^4}}{\mathrm{s^3 \cdot A}} \cdot \mathrm{A \cdot s \cdot m \cdot kg}} = \mathrm{m})$$

1.3 Die heisenbergsche Unschärferelation lautet:

$$\Delta p \cdot \Delta x \geq \frac{h}{4\pi} \quad \Rightarrow \quad m \cdot \Delta v \cdot \Delta x \geq \frac{h}{4\pi}$$

Für die Ortsunschärfe Δx wählt man z. B. den innersten Radius, also:

$\Delta x \approx 5 \cdot 10^{-11}$ m

Einsetzen liefert eine Geschwindigkeitsunschärfe, die halb so groß ist wie die Geschwindigkeit selbst:

$$\Delta v \geq \frac{h}{4\pi \cdot m_e \cdot \Delta x} = \frac{6{,}626 \cdot 10^{-34}\,\text{J s}}{4\pi \cdot 9{,}109 \cdot 10^{-31}\,\text{kg} \cdot 5 \cdot 10^{-11}\,\text{m}} = 1{,}15 \cdot 10^{6}\,\frac{\text{m}}{\text{s}} \approx 0{,}5 \cdot v_1$$

1.4 Für die Energieniveaus wurde in Kap. 3.2 hergeleitet:

$$W_n = -13{,}6\,\text{eV} \cdot \frac{1}{n^2}$$

Damit ergibt sich für n = 1 bis 5:

$W_1 = -13{,}6$ eV
$W_2 = -3{,}40$ eV
$W_3 = -1{,}51$ eV
$W_4 = -0{,}85$ eV
$W_5 = -0{,}54$ eV

Das zugehörige Energieniveauschema:

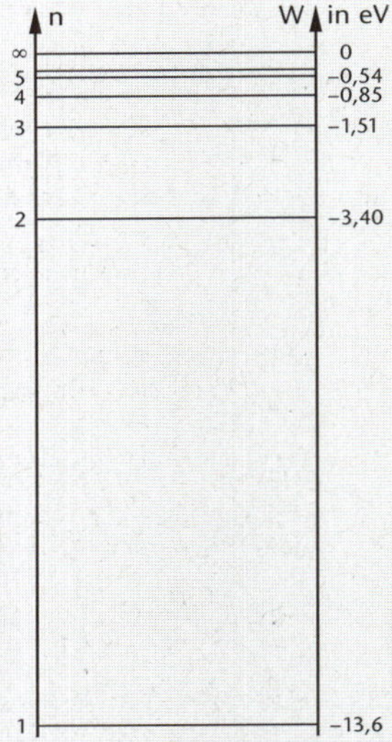

1.5 Um Atome zur Emission von Licht anzuregen, muss man ihnen von außen Energie zuführen. Damit erreicht man die Anhebung von Elektronen in höhere Energiezustände. Beim Zurückfallen in den ursprünglichen Zustand wird die zugeführte Energie wieder frei und in Form von elektromagnetischer Strahlung (Licht) abgegeben.
Für die Energiezufuhr selbst gibt es verschiedene Möglichkeiten: Wärmezufuhr (z. B. bei der Glühlampe), Elektronenstoß (z. B. beim Franck-Hertz-Experiment) oder elektromagnetische Strahlung (z. B. bei der Laseranregung).

1.6 Mit den in 1.4 berechneten Werten erhält man:

$\Delta W_{5,2} = W_5 - W_2 = 2{,}86\,\text{eV} = 4{,}58 \cdot 10^{-19}\,\text{J}$
$\Delta W_{4,2} = W_4 - W_2 = 2{,}55\,\text{eV} = 4{,}08 \cdot 10^{-19}\,\text{J}$
$\Delta W_{3,2} = W_3 - W_2 = 1{,}89\,\text{eV} = 3{,}03 \cdot 10^{-19}\,\text{J}$

Mit $\Delta W = h \cdot f = h \cdot \frac{c}{\lambda} \Rightarrow \lambda = \frac{h \cdot c}{\Delta W}$ ergeben sich folgende Linien:

$\lambda_{5,2} = 4{,}34 \cdot 10^{-7}\,\text{m} = 434\,\text{nm}$ (blau)
$\lambda_{4,2} = 4{,}87 \cdot 10^{-7}\,\text{m} = 487\,\text{nm}$ (türkis)
$\lambda_{3,2} = 6{,}55 \cdot 10^{-7}\,\text{m} = 655\,\text{nm}$ (rot)

1.7 Für die Übergangslinien wurde in Kap. 3.3 hergeleitet:

$$\frac{1}{\lambda} = R \cdot \left(\frac{1}{n_1^{\,2}} - \frac{1}{n_2^{\,2}}\right) \Rightarrow \frac{1}{12{,}82 \cdot 10^{-7}\,\text{m}} = 1{,}097 \cdot 10^7 \frac{1}{\text{m}} \cdot \left(\frac{1}{3^2} - \frac{1}{n^2}\right)$$

$$\Rightarrow \quad -\frac{1}{n^2} = 0{,}071 - \frac{1}{9} = -0{,}04 \quad \Rightarrow \quad n = \sqrt{25} = 5$$

1.8 Bei der Herleitung der Formel für die Energieabgabe der Elektronenübergänge in Kap. 3.2 waren wir von der Coulombkraft zwischen Kern und Elektron ausgegangen. Für die hier betrachteten Ionen muss die Ladung des Kerns mit $Z \cdot e$ angesetzt werden. Man erhält:

$$F = \frac{1}{4\pi \cdot \varepsilon_0} \cdot \frac{Q_1 \cdot Q_2}{r^2} = -\frac{1}{4\pi \cdot \varepsilon_0} \cdot \frac{Z \cdot e^2}{r^2}$$

Die weiteren Herleitungsschritte sind identisch, man muss lediglich das neu hinzugekommene Z „mitziehen". Im letzten Schritt erhält man dann:

$$W_n = W_{kin} + W_{pot} = -\frac{m_e \cdot Z^2 \cdot e^4}{8 \cdot \varepsilon_0^{\,2} \cdot h^2} \cdot \frac{1}{n^2}$$

Ersetzt man die Konstanten wie folgt durch die Rydbergkonstante

$$R = \frac{m_e \cdot e^4}{8 \cdot \varepsilon_0^{\,2} \cdot h^3 \cdot c} \Rightarrow \frac{m_e \cdot e^4}{8 \cdot \varepsilon_0^{\,2} \cdot h^2} = R \cdot h \cdot c$$

so ergibt sich:

$$W_n = -Z^2 \cdot \frac{Rhc}{n^2}$$

Aufgabe 2:

2.1 Das erste Experiment wurde bei Raumtemperatur durchgeführt. Bei dieser Temperatur ist das Quecksilber in der Franck-Hertz-Röhre flüssig und liegt am Boden der Röhre. Es kommt daher auch nicht zu Elektronenstößen. Die Elektronen benötigen allerdings eine gewisse kinetische Energie, um die Bremsspannung überwinden zu können. Mit wachsender Spannung erreichen immer mehr Elektronen diesen Energiebetrag, sodass die Anodenstromstärke zunächst kontinuierlich steigt. Ab einer gewissen Spannung sind praktisch alle emittierten Elektronen schnell genug, um die Anode zu erreichen. Dann setzt ein Sättigungsstrom ein.

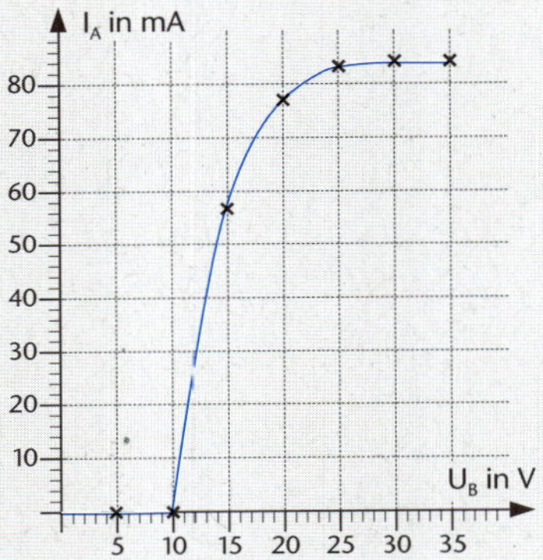

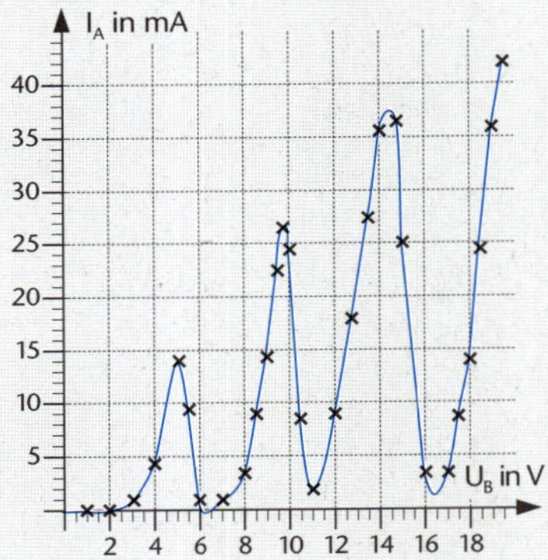

Das zweite Experiment wurde bei einer Temperatur von 200 °C durchgeführt, bei der Quecksilber langsam zu verdampfen beginnt. Das Diagramm ergibt die typische Franck-Hertz-Kurve.

Der Ausschlag geht im Verlauf der Messung nie auf null zurück, da es immer einige Elektronen gibt, die ganz ohne Stoß mit den Hg-Atomen die Anode erreichen.

2.2 Die Anregungsenergie erhält man aus dem mittleren Abstand der Maxima. Für diese Abstände ergibt sich ungefähr:

$$\left.\begin{aligned} \Delta W_1 &= 9{,}75\ \text{eV} - 5\ \text{eV} = 4{,}75\ \text{eV} \\ \Delta W_2 &= 14{,}75 - 9{,}75\ \text{eV} = 5\ \text{eV} \\ \Delta W_3 &= 19{,}5\ \text{eV} - 14{,}75\ \text{eV} = 4{,}75\ \text{eV} \end{aligned}\right\} \text{Mittelwert: } \Delta W = 4{,}83\ \text{eV}$$

Fehlerrechnung: absoluter Fehler: $4{,}83\ \text{eV} - 4{,}9\ \text{eV} = -0{,}07\ \text{eV}$

relativer Fehler: $\dfrac{-0{,}07\ \text{eV}}{4{,}9\ \text{eV}} = -0{,}0143 = -1{,}43\ \%$

2.3 Aus den Ergebnissen des Franck-Hertz-Experimentes schließt man auf diskrete Energiestufen im Atom, die im rutherfordschen Modell noch nicht existieren.

2.4 Die angeregten Elektronen geben bei der Rückkehr in ihre Ausgangszustände ihre Energie in Form von elektromagnetischer Strahlung wieder ab. Das ausgesandte Licht kann beobachtet werden. Es ergeben sich dabei in der Röhre verschiedene Zonen der Lichtemission, die mit der Anzahl der beobachteten Maxima übereinstimmen.

2.5 Misst man – beispielsweise mithilfe eines optischen Gitters – die Wellenlänge der von den Atomen ausgesandten Strahlung und liest zudem die Energiedifferenz aus dem Franck-Hertz-Diagramm ab, so kann man h berechnen:

$$\Delta W = h \cdot f = h \cdot \frac{c}{\lambda} \quad \Rightarrow \quad h = \frac{\Delta W \cdot \lambda}{c}$$

2.6 Durch die Elektronenstöße können nur Energiebeträge übertragen werden, die für die jeweilige Atomart charakteristisch sind. Bei Heliumatomen ist die kleinste benötigte Anregungsenergie offensichtlich erheblich höher als bei Quecksilberatomen.
Bei einer Beschleunigungsspannung von 63,6 V erreicht man gerade die dritte Anregungszone, sodass unelastische Elektronenstöße in drei Gebieten der Röhre stattfinden. Diese sind gleichmäßig über die Röhre verteilt, wobei sich die dritte unmittelbar vor dem Gitter befindet.

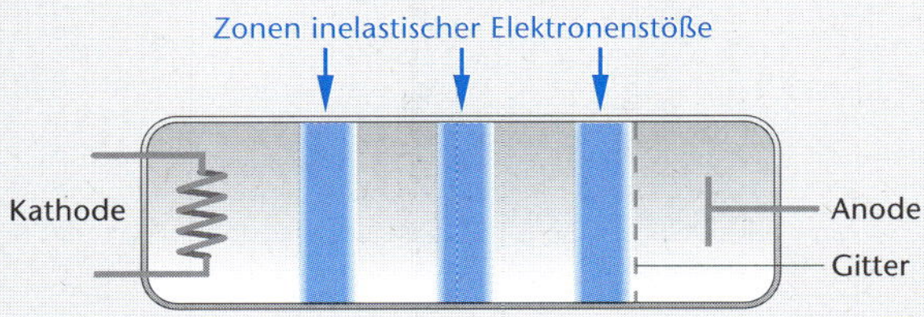

Aufgabe 3:

3.1 Man erhält grafisch eine Halbwertszeit von etwa 7,5 Minuten.

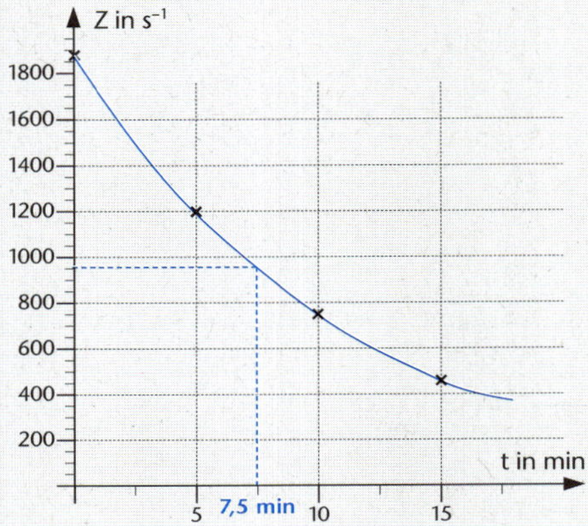

3.2 Es gilt das Zerfallsgesetz: $A(t) = A_0 \cdot e^{-\lambda \cdot t}$
Einsetzen der beiden ersten Wertepaare liefert wie folgt die Zerfallskonstante:

$$1194 = 1896 \cdot e^{-\lambda \cdot 5\,\text{min}} \Rightarrow \ln(0{,}6297) = -\lambda \cdot 5\,\text{min}$$

$$\Rightarrow \lambda = 0{,}093\,\frac{1}{\text{min}}$$

Man erhält das Zerfallsgesetz: $A(t) = 1896 \cdot e^{-0{,}093 \cdot t}$; t in min

Die Halbwertszeit ergibt sich zu $T_{\frac{1}{2}} = \frac{\ln 2}{\lambda} = \frac{\ln 2}{0{,}093\,\text{min}^{-1}} \approx 7{,}5\,\text{min}$

und stimmt damit sehr gut mit dem grafischen Ergebnis überein.

3.3 Wenn nur 20 % der zerfallenden Kerne registriert werden, so ergibt sich zum Zeitpunkt t = 0 eine Impulsrate (bzw. Aktivität) von $A_0 = 9480\,\text{s}^{-1}$.
Mit $A_0 = \lambda \cdot N_0$ erhält man:

$$N_0 = \frac{A_0}{\lambda} = \frac{9480\,\text{s}^{-1}}{0{,}093\,\text{min}^{-1}} = \frac{9840\,\text{s}^{-1}}{1{,}55 \cdot 10^{-3}\,\text{s}^{-1}} = 6\,348\,387$$

Damit waren also zu Beginn etwa 6,5 Millionen Kerne vorhanden.

3.4 Es gilt $A(t) = 0{,}1 \cdot A_0$. Einsetzen in das Zerfallsgesetz ergibt:

$$0{,}1 \cdot A_0 = A_0 \cdot e^{-0{,}092 \cdot t} \Rightarrow 0{,}1 = e^{-0{,}092 \cdot t} \Rightarrow t = \frac{\ln 0{,}1}{-0{,}092} \approx 25 \text{ min}$$

3.5 Sind nach der Zeit Δt $p\,\%$ der ursprünglich vorhandenen Kerne zerfallen, so sind zu diesem Zeitpunkt noch $N(\Delta t) = N_0 - \frac{p}{100} \cdot N_0$ Kerne vorhanden. Setzt man dies in die Zerfallsgleichung ein, so erhält man:

$$N_0 - \frac{p}{100} N_0 = N_0 \cdot e^{-\lambda \cdot \Delta t} \Rightarrow 1 - \frac{p}{100} = e^{-\lambda \cdot \Delta t}$$

Logarithmieren ergibt:

$$\ln\left(1 - \frac{p}{100}\right) = -\lambda \cdot \Delta t \Rightarrow \lambda = \frac{-\ln\left(1 - \frac{p}{100}\right)}{\Delta t}$$

Einsetzen in die Formel für die Halbwertszeit liefert:

$$T_{\frac{1}{2}} = \frac{\ln 2}{\lambda} = -\frac{\ln 2 \cdot \Delta t}{\ln\left(1 - \frac{p}{100}\right)}$$

3.6 Der Nachweis kann mithilfe eines elektrischen oder magnetischen Feldes geführt werden, in dem die jeweilige Strahlung in unterschiedliche Richtungen abgelenkt wird.

3.7 $^{231}_{89}\text{Ac} \longrightarrow {}^{231}_{90}\text{Th} + {}^{0}_{-1}\beta + \bar{\nu}_e$

Abiturprüfung

Schriftliche Prüfung

In diesem letzten Kapitel wird eine vollständige Klausur vorgestellt, die in ihrem Umfang und Schwierigkeitsgrad der schriftlichen Abiturprüfung eines Physik-Grundkurses entspricht. Sie erhalten zwei Aufgaben aus unterschiedlichen Themenbereichen verschiedener Halbjahre. Versuchen Sie, diese Musterklausur vollständig in der vorgegebenen Zeitspanne von **135 Minuten** zu lösen, ohne in die Lösungen zu sehen. Zugelassene Hilfsmittel sind eine Formelsammlung und ein Taschenrechner. Wenn zum Weiterkommen Ergebnisse aus vorangegangenen Teilaufgaben benötigt werden, sind diese (wie auch im Abitur) als Zwischenergebnisse angegeben. Beschäftigen Sie sich zuvor nochmals mit den „Hinweisen für die erfolgreiche Bewältigung von Klausuren“ im Kapitel 1.5 des ersten Bandes. Achten Sie auch bei der Probeklausur auf eine **angemessene formale Darstellung** (Übersichtlichkeit, klare Gliederung, Rechnungen mit begleitenden Kommentaren). Sie wird ebenfalls in der Wertung der Klausur berücksichtigt!

Selbstverständlich reicht es nicht, nur diese eine Klausur als Vorbereitung für Ihre Abiturklausur zu bearbeiten. Als weiteres Übungsmaterial bieten sich zunächst die Musteraufgaben der vorangegangenen Kapitel des ersten und zweiten Bandes an. Ebenso geeignet sind aber auch die veröffentlichten Abiturklausuren der Bundesländer mit Zentralabitur aus den vergangenen Jahren, die Sie beispielsweise auch im Internet finden können, u. a. bei den Bildungsservern der Länder.

Bayern:	www.isb.bayern.de/gym/physik/
Baden-Württemberg:	www.schule-bw.de/schularten/gymnasium/
Mecklenburg-Vorpommern:	www.bildung-mv.de/texte/
Sachsen-Anhalt:	www.rahmenrichtlinien.bildung-lsa.de/
Thüringen:	www.thueringen.de/tkm/
alle Länder:	www.abiturloesungen.de/

(URL-Angaben ohne Gewähr)

Mündliche Prüfung

Für die mündliche Abiturprüfung bekommen Sie ähnliche Aufgaben gestellt, die Sie in einer Vorbereitungszeit von **30 Minuten** bearbeiten müssen. Anschließend tragen Sie im ersten Teil der mündlichen Prüfung der Prüfungskommission Ihre Ergebnisse vor. Wegen der kürzeren Bearbeitungszeit wird natürlich nur eine Aufgabe von deutlich geringerem Umfang gestellt. Zur Simulation einer mündlichen Prüfung können Sie die Aufgaben daher wie folgt kürzen:

Aufgabe 1: nur 1.1 / 1.2 / 1.5
Aufgabe 2: nur 2.1 / 2.2 / 2.3

Auch hier sollten Sie vor der Bearbeitung nochmals die „Tipps zur mündlichen Prüfung“ aus Kapitel 1.5 des ersten Bandes nachlesen.

Aufgabe 1:

Eine Ionenquelle sendet Protonen aus. Sie werden im homogenen Feld eines Kondensators durch die Spannung U_0 auf die Geschwindigkeit v_0 beschleunigt. Die Protonen mit der Geschwindigkeit v_0 treten anschließend in ein homogenes Magnetfeld ein, dessen konstante Flussdichte B beträgt.

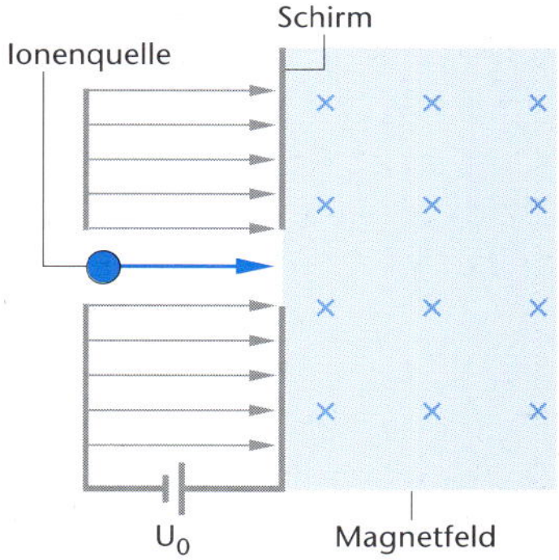

1.1 Leiten Sie aus dem Energieerhaltungssatz eine allgemeine Beziehung zwischen U_0 und v_0 her und berechnen Sie die Eintrittsgeschwindigkeit in das Magnetfeld, wenn die Beschleunigungsspannung $U_0 = 2\ \text{kV}$ beträgt.
(Zwischenergebnis: $v_0 = 6{,}2 \cdot 10^5\ \text{m s}^{-1}$)

1.2 Beschreiben Sie, unter welchen besonderen Bedingungen sich die Protonen innerhalb des magnetischen Feldes auf einer Kreisbahn bewegen und geben Sie die Bewegungsrichtung an. Bestimmen Sie die magnetische Flussdichte des Feldes, wenn der Bahnradius 5,8 cm beträgt.

1.3 Die Ionenquelle liefert neben den Protonen noch eine zweite Ionenart, die auf dem Schirm am linken Rand des Magnetfeldes 4,8 cm oberhalb der Protonen auftrifft. Berechnen Sie die spezifische Ladung dieser Ionen und identifizieren Sie die Teilchen unter der Annahme, dass sie die gleiche Kernladungszahl haben wie die Protonen. (Hinweis: U_0 und B werden nicht verändert.)

1.4 Zeigen Sie, dass das Verhältnis der Radien zweier Isotopen eines Elementes unabhängig vom Betrag der Größen U_0 und B ist, solange diese während des Versuchsablaufs nicht verändert werden.

1.5 Protonen mit der Geschwindigkeit v_0 können ein homogenes Magnetfeld mit der Flussdichte $B = 0{,}11$ T unabgelenkt durchlaufen, wenn man ein homogenes elektrisches Feld überlagert. Erläutern Sie die Anordnung der Felder und bestimmen Sie die benötigte elektrische Feldstärke.

Aufgabe 2:

Die Wellennatur von Elektronen lässt sich auch mit elektrischen Feldern nachweisen. Dazu führte Möllenstedt folgendes Experiment durch:

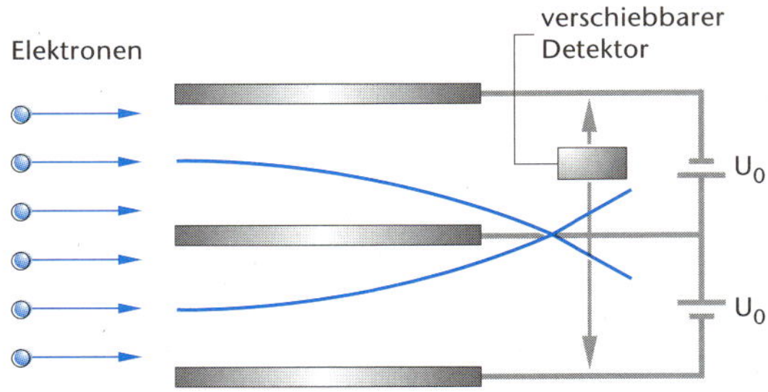

Durch eine Spannung U_0 beschleunigte Elektronen treten in ein System aus zwei parallelen Plattenkondensatoren ein. Dabei liegt zwischen der Mittelplatte und den Außenplatten die Spannung U an. Rechts im Bild befindet sich ein Detektor oder ein Film, der die auftreffenden Elektronen registriert.

2.1 Beschreiben Sie, was man in der Beobachtungsebene registriert, wenn die Ablenkungsanordnung

a) nur aus dem oberen Kondensator;
b) nur aus dem unteren Kondensator;
c) aus beiden Kondensatoren besteht und die Elektronen klassische kugelförmige geladene Teilchen wären;
d) aus beiden Kondensatoren besteht, die Elektronen sich jetzt aber wie Quantenobjekte verhalten.

Fertigen Sie hierzu Skizzen an.

2.2 Genauere Untersuchungen des Registrierungsfilms und der Detektorzählraten zeigen, dass dort, wo der Film geschwärzt wird, eine Vielzahl von einzelnen Einschlagstellen vorliegt. Welche Aussage folgt hieraus über die Natur der Elektronen?

2.3 Bei einem Möllenstedt-Experiment mit der Beschleunigungsspannung $U = 15$ kV ergab sich eine Wellenlänge von $\lambda = 10$ pm. Prüfen Sie rechnerisch, ob die De-Broglie-Beziehung für die Wellenlänge erfüllt ist.

2.4 Eine Gewehrkugel mit der Masse 20 g und mit der Geschwindigkeit 1000 m s^{-1} bewegt sich geradlinig auf ein Hindernis aus einer Gruppe von drei Bäumen zu, die einen Doppelspalt mit dem Spaltabstand 1 m bilden. Nach Passieren des Doppelspaltes ist die Flugrichtung des Geschosses unverändert. Auch bei vielfacher Wiederholung dieses Doppelspaltexperimentes werden keine Beugungserscheinungen beobachtet. Klären Sie diesen scheinbaren Widerspruch zur Wellentheorie auf und erläutern Sie, warum im Bereich der Makrophysik grundsätzlich keine Interferenzerscheinungen zu beobachten sind.

Lösungen zu den Abituraufgaben

Aufgabe 1:

1.1 Bei der Beschleunigung im elektrischen Feld wird elektrische Feldenergie in Bewegungsenergie umgesetzt. Es gilt daher der Energieerhaltungssatz:

$$e \cdot U_0 = \frac{1}{2} \cdot m_P \cdot v_0^2$$

Für die Geschwindigkeit v_0 ergibt sich hieraus: $v_0 = \sqrt{2 \cdot \frac{e}{m_P} \cdot U_0}$

Einsetzen der Beschleunigungsspannung liefert:

$$v_0 = \sqrt{2 \cdot \frac{1{,}602 \cdot 10^{-19}\,\text{C}}{1{,}672 \cdot 10^{-27}\,\text{kg}} \cdot 2 \cdot 10^3\,\text{V}} = 6{,}19 \cdot 10^5\,\frac{\text{m}}{\text{s}}$$

(*Einheiten:* $\sqrt{\frac{\text{C}}{\text{kg}} \cdot \text{V}} = \sqrt{\frac{\text{A} \cdot \text{s}}{\text{kg}} \cdot \frac{\text{kg} \cdot \text{m}^2}{\text{s}^3 \cdot \text{A}}} = \sqrt{\frac{\text{m}^2}{\text{s}^2}} = \frac{\text{m}}{\text{s}}$)

1.2 Die Protonen bewegen sich auf einer Kreisbahn, wenn sie *senkrecht* zu den Feldlinien in ein *homogenes* Magnetfeld eingeschossen werden. Da es sich um positiv geladene Teilchen handelt, wird die Rechte-Hand-Regel benötigt. Sie ergibt hier eine Ablenkung der Protonen nach oben und damit eine Kreisbewegung *gegen* den Uhrzeigersinn.
Den Betrag der magnetischen Flussdichte erhält man aus dem Kräftegleichgewicht Radialkraft = Lorentzkraft. Es gilt:

$$\frac{m_P \cdot v_0^2}{r} = e \cdot v_0 \cdot B \Rightarrow B = \frac{m_P \cdot v_0}{e \cdot r} = \frac{1{,}672 \cdot 10^{-27}\,\text{kg} \cdot 6{,}2 \cdot 10^5\,\frac{\text{m}}{\text{s}}}{1{,}602 \cdot 10^{-19}\,\text{C} \cdot 5{,}8 \cdot 10^{-2}\,\text{m}} = 0{,}11\,\text{T}$$

(*Einheiten:* $\frac{\text{kg} \cdot \frac{\text{m}}{\text{s}}}{\text{C} \cdot \text{m}} = \frac{\text{kg}}{\text{A} \cdot \text{s}^2} = \text{T}$)

1.3 Da die Teilchen bis zum Schirm einen Halbkreis durchlaufen, ergibt sich als neuer Kreisdurchmesser d_2:
$d_2 = 2 \cdot 5{,}8\,\text{cm} + 4{,}8\,\text{cm} = 16{,}4\,\text{cm}$
Dies entspricht einem Radius von 8,2 cm.
Analog zum Fadenstrahlrohr gilt:

$$\frac{q}{m} = \frac{v_0}{B \cdot r} = \frac{\sqrt{2 \frac{q}{m} U_0}}{B \cdot r}$$

$$\Rightarrow \frac{q^2}{m^2} = \frac{2 \frac{q}{m} U_0}{B^2 \cdot r^2} \Rightarrow \frac{q}{m} = \frac{2 \cdot U_0}{B^2 \cdot r^2}$$

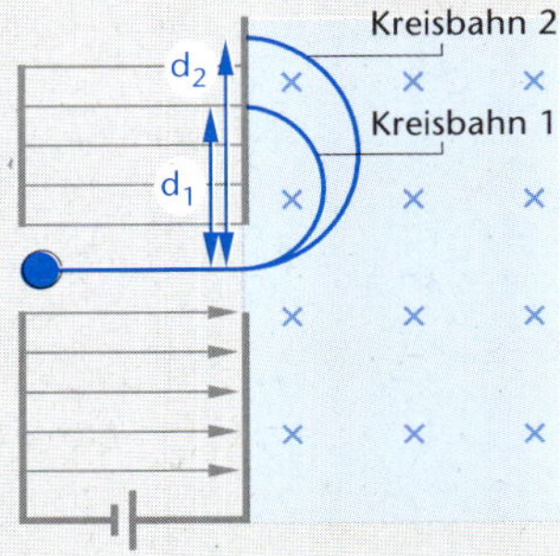

Bei konstanter Beschleunigungsspannung und magnetischer Flussdichte erhält man:

$$\frac{q}{m} = \frac{2 \cdot U_0}{B^2 \cdot r^2} = \frac{2 \cdot 2 \cdot 10^3\,V}{(0{,}11\,T)^2 \cdot (8{,}2 \cdot 10^{-2}\,m)^2} = 4{,}92 \cdot 10^7\,\frac{C}{kg}$$

$$\left(\textit{Einheiten:}\quad \frac{V}{T^2 \cdot m^2} = \frac{V}{\left(\frac{V \cdot s}{m^2}\right)^2 \cdot m^2} = \frac{m^2}{V \cdot s^2} = \frac{m^2}{\frac{kg \cdot m^2}{s^3 \cdot A} \cdot s^2} = \frac{A \cdot s}{kg} = \frac{C}{kg}\right)$$

Bei gleicher Kernladungszahl gilt $q = e$. Man erhält damit:

$$m = \frac{1{,}602 \cdot 10^{-19}\,C}{4{,}91 \cdot 10^7\,C \cdot kg^{-1}} = 3{,}26 \cdot 10^{-27}\,kg \approx 2 \cdot m_P$$

Die doppelte Masse bei identischer Ladung lässt darauf schließen, dass es sich hier um den Zusammenschluss von einem Proton und einem Neutron handelt, also um einen Deuteriumkern.

1.4 Für ein beliebiges Nuklid gilt:

$$B = \frac{N_1 \cdot m_P \cdot v_1}{q \cdot r_1}$$

Ein anderes Isotop hat dieselbe Ladung, aber eine andere Nukleonenzahl. Es gilt daher:

$$B = \frac{N_2 \cdot m_P \cdot v_2}{q \cdot r_2}$$

Da die magnetische Flussdichte für beide Teilchen identisch ist, kann man gleichsetzen:

$$\frac{N_1 \cdot m_P \cdot v_1}{q \cdot r_1} = \frac{N_2 \cdot m_P \cdot v_2}{q \cdot r_2} \quad \Rightarrow \quad \frac{r_1}{r_2} = \frac{N_1 \cdot v_1}{N_2 \cdot v_2}$$

Für die Geschwindigkeiten gilt:

$$v_1 = \sqrt{2 \cdot \frac{q}{N_1 \cdot m_P} \cdot U_0} \quad \text{und} \quad v_2 = \sqrt{2 \cdot \frac{q}{N_2 \cdot m_P} \cdot U_0} \Rightarrow \frac{v_1}{v_2} = \sqrt{\frac{N_2}{N_1}}$$

Einsetzen liefert: $\frac{r_1}{r_2} = \frac{N_1 \cdot \sqrt{N_2}}{N_2 \cdot \sqrt{N_1}} = \sqrt{\frac{N_1}{N_2}}$

Die beiden Radien verhalten sich also wie die Wurzel aus dem Massenverhältnis der Isotope, solange B und U_0 konstant bleiben.

1.5 Ein homogenes elektrisches Feld muss dem Magnetfeld senkrecht überlagert werden, damit die durch das Magnetfeld nach oben abgelenkten Protonen durch das elektrische Feld nach unten abgelenkt werden. Dazu muss in der Abbildung die negative Platte eines felderzeugenden Kondensators unten liegen.
Liegt ein Kräftegleichgewicht vor, so gilt:

$$e \cdot E = e \cdot v_0 \cdot B \Rightarrow E = v_0 \cdot B = 6{,}2 \cdot 10^5 \frac{m}{s} \cdot 0{,}11\ T = 6{,}82 \cdot 10^4 \frac{V}{m}$$

$$\left(\textit{Einheiten:}\ \frac{m \cdot T}{s} = \frac{m \cdot \frac{V \cdot s}{m^2}}{s} = \frac{V}{m}\right)$$

Aufgabe 2:

2.1 Betreibt man nur den oberen oder unteren Kondensator, so erhält man keine Interferenzerscheinungen, sondern eine diffuse Verteilung im unteren bzw. oberen Bereich der Beobachtungsebene, die daraus resultiert, dass die Elektronen in verschiedenen Höhen in den Kondensator eintreten.

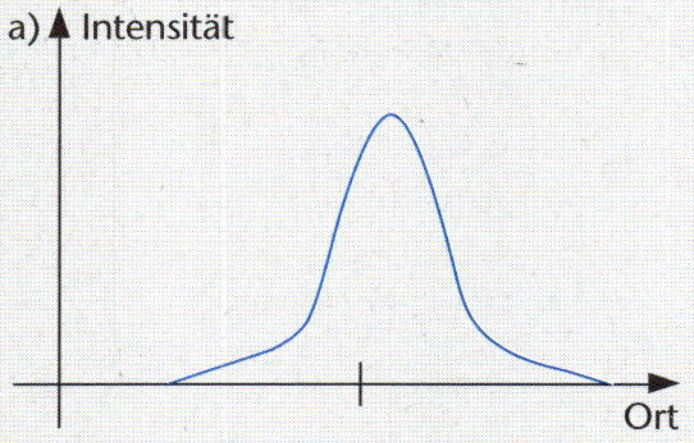

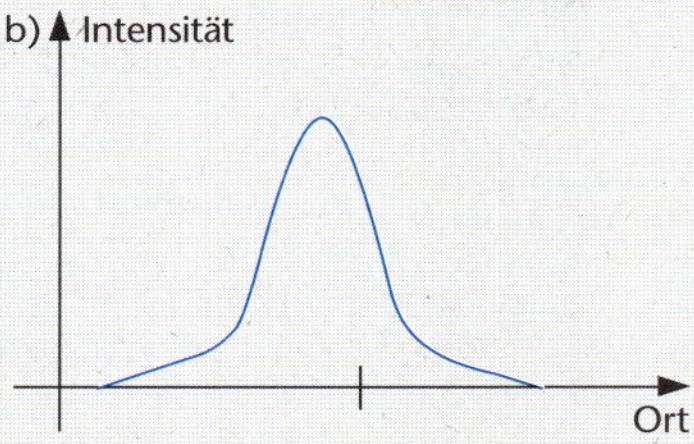

Liegt dagegen an beiden Kondensatoren eine Spannung an, so würde man bei klassischem Verhalten der Elektronen im Überlappungsbereich die Addition der beiden Verteilungen aus a) und b) erhalten.
Da Elektronen sich in der Realität jedoch wie Quantenobjekte verhalten, erhält man im Überlappungsbereich ein Interferenzmuster aus maximalen und minimalen Intensitäten.

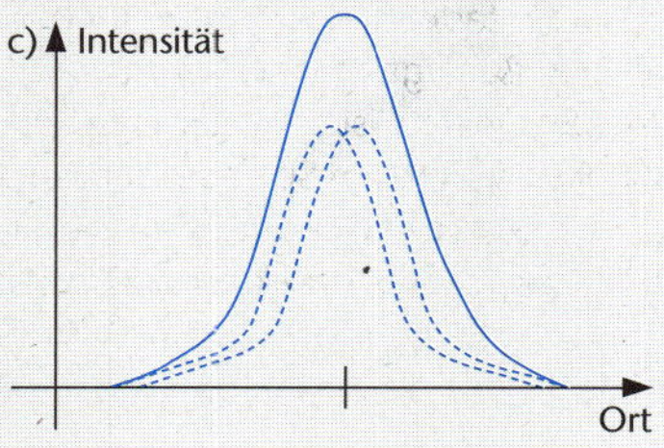

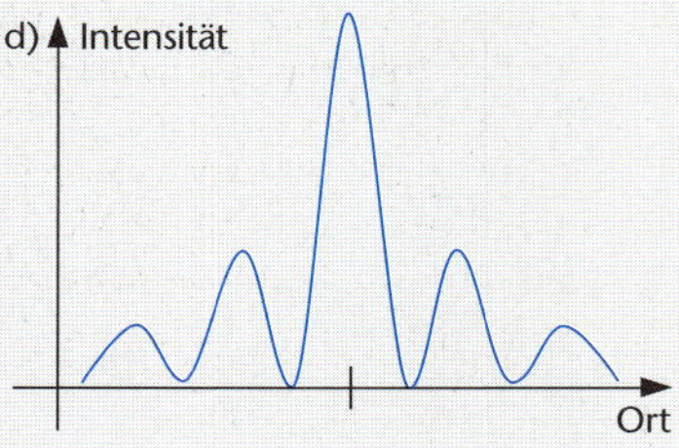

2.2 Elektronen sind offensichtlich „Teilchen", die sich aber als Gesamtheit in diesem Versuch wie eine Welle verhalten. Insgesamt ist dieser Dualismus ein Charakteristikum für Quantenobjekte.

2.3 Für die De-Broglie-Wellenlänge gilt: $\lambda = \frac{h}{m \cdot v}$
Die Geschwindigkeit ergibt sich aus der schon in Teilaufgabe 1.1 hergeleiteten Formel:

$$v = \sqrt{2 \cdot \frac{e}{m_e} \cdot U}$$

Man erhält:

$$\lambda = \frac{h}{m_e \cdot \sqrt{2 \cdot \frac{e}{m_e} \cdot U}} = \frac{h}{\sqrt{2 \cdot e \cdot m_e \cdot U}}$$

$$= \frac{6{,}626 \cdot 10^{-34}\,\text{J s}}{\sqrt{2 \cdot 1{,}602 \cdot 10^{-19}\,\text{C} \cdot 9{,}109 \cdot 10^{-31}\,\text{kg} \cdot 15 \cdot 10^{3}\,\text{V}}}$$

Als Wellenlänge der Elektronen erhält man aus dieser Gleichung $\lambda = 1 \cdot 10^{-11}$ m = 10 pm. Die Wellenlängenmessung stimmt also mit der Theorie überein.

2.4 Die De-Broglie-Wellenlänge der Gewehrkugeln ergibt:

$$\lambda = \frac{h}{m \cdot v} = \frac{6{,}626 \cdot 10^{-34}\,\text{J s}}{0{,}02\,\text{kg} \cdot 1000\,\text{m s}^{-1}} = 3{,}3 \cdot 10^{-35}\,\text{m}$$

(*Einheiten:* $\frac{\text{J} \cdot \text{s} \cdot \text{s}}{\text{kg} \cdot \text{m}} = \frac{\frac{\text{kg} \cdot \text{m}^2}{\text{s}^2} \cdot \text{s}^2}{\text{kg} \cdot \text{m}} = \text{m}$)

Bei den Spaltversuchen mit sichtbarem Licht war der Spalt etwa $\frac{1}{4}$ mm breit, das entspricht ungefähr dem 500fachen der Wellenlänge. Deutlich größere Spaltbreiten lassen keine Interferenzbilder mehr sichtbar werden. Für die oben berechnete Wellenlänge müsste man also Spalte mit einer Breite von höchstens 10^{-30} m bauen, um Interferenzen mit den Gewehrkugeln beobachten zu können. Diese Größe liegt aber weit unterhalb atomarer Strukturen. Die notwendige Spaltbreite ist sogar so klein, dass Kugeln mit einer Masse von 20 g gar nicht durch den Spalt passen würden. Dies gilt analog auch für alle anderen makroskopischen Körper und ist der Grund, warum Interferenzerscheinungen in der Makrophysik unbekannt sind.